黄粉虫高效养殖技术

占家智　羊　茜　编著

中国农业大学出版社

前　言

黄粉虫原是一种世界性的仓储害虫，经过不断开发，现在已经形成了一个产业链，尤其是作为优质饲料源的开发，被誉为“蛋白质饲料宝库”，具有极高的开发价值。

目前我国已经开发了多种多样的养殖方式和养殖模式，为了让全国各地的朋友了解并掌握这些实用技能，我们参考了多种资料，请教了相关专家，拜访了一些养殖户，编写了《黄粉虫高效养殖技术》一书。本书的内容主要包括黄粉虫的饲养历史、国内外利用情况及开发前景、黄粉虫的形态特征和生活习性，重点介绍了各种养殖方式，尤其对规模化人工养殖技术进行了重点探讨，同时对黄粉虫的饲料来源、加工方法及配方作了介绍，最后还对黄粉虫的病害防治、综合利用作了简单介绍。在此，对那些提供帮助的养殖户朋友、专家和部分资料的原作者表示诚挚的谢意。

为了帮助广大养殖户更好地利用、开发、养殖黄粉虫，方便养殖户参考，我们特别准备了一些精美的图片。

由于编者的水平有限，在编写过程中难免有失误和疏漏之处，在此恳请读者朋友指教批评，以利于再版时改正。

占家智

2009 年 1 月

目　　录

第一章　概　述

一、初识黄粉虫

黄粉虫，俗称面包虫、面条虫、高蛋白虫、黄金虫、大黄粉虫，通称黄粉甲，为多汁软体动物，属鞘翅目、拟步行虫科、粉甲虫属，是一种完全变态的仓库害虫，它也是一种重要的世界性粮食害虫，在全球均有分布。经过相关专家的技术分析，黄粉虫的幼虫含蛋白质 48%～50%，干燥幼虫含蛋白质 70%以上，蛹含蛋白质 55%～57%，成虫含蛋白质 60%～64%、脂肪 28%～30%、碳水化合物 3%，还含有磷、钾、铁、钠、镁、钙等常量元素和多种微量元素、维生素、酶类物质及动物生长必需的 16 种氨基酸。黄粉虫的营养成分很高，根据对黄粉虫幼虫干的分析，每 100 g 干品中，含氨基酸 847.91 mg，其中包含赖氨酸 5.72%、蛋氨酸 0.53%，这些营养成分居各类饲料之首。因此国内外许多著名动物园都用其作为繁、养殖名贵珍禽、水产动物的饲料之一。

黄粉虫原产于北美洲，1952 年由北京动物园自前苏联引进，经过驯养并繁殖成功。据饲养测定：1 kg 黄粉虫的营养价值相当于 25 kg 麦麸或 20 kg 混合饲料或 1 000 kg 青饲料的营养价值，有试验表明，如果用 3%～6%的鲜虫作为饲料的预混料，可代替等量的国产鱼粉，所以被饲料专家誉为“蛋白质饲料宝库”。因此，黄粉虫是饲养家畜、家禽及金鱼、虹鳟鱼、鳖、虾、龟、黄鳝、罗非鱼、鳗鱼、泥鳅、牛蛙、娃娃鱼、蝎子、蜈蚣、蜘蛛、山鸡、鸵鸟、肉鸽、观赏鸟类、蛇等特种养殖动物不可缺少的、极好的饲料。随着名特优新奇水产品养殖及各种优质高效珍禽养殖的迅速发展，黄粉虫的作用及其养殖也越来越受到重视。

二、研究和开发黄粉虫的意义

1. 黄粉虫是重要的蛋白源

据测定，黄粉虫的蛋白质含量相当高，而且各营养成分平衡，氨基酸组分合理，含有全部的必需氨基酸，所以说，在蛋白源日趋紧张的今天，黄粉虫这种饵料生物无疑是最主要的优质蛋白源之一。

2. 黄粉虫适合动物的营养需求

经过许多专家和科研人员的一系列人工杂交和筛选，我们已经获得符合某种特定养殖对象的某个发育阶段营养需要的、饵料效果好的黄粉虫新品种，在营养上具有特异优点，不但营养价值高，容易被消化吸收，而且对养殖动物有促进生长发育和防病作用，这是我们进行一些特种养殖必需的饲料基础。

3. 黄粉虫对驯养、诱集珍稀动物的效果好

根据分析，黄粉虫的体内含有特殊的气味，诱集一些珍稀动物的效果极佳，而且在动物体内易消化，养殖经济动物的成活率较高。如我们在室外池塘养殖黄鳝时，常使用鲜活的黄粉虫来驯化鱼类，鱼群易集中抢食。在人工养殖鳝鱼时，刚从天然水域中捕获的野生鳝鱼具有拒食人工饵料的特点，因此驯饵是养殖成功的关键技术。我们可以用递减投喂法来进行人工驯饵，方法是的野生黄鳝捕捉后，先投喂它喜欢的鲜活黄粉虫，然后逐渐减少鲜活黄粉虫的量，将部分黄粉虫拌在饵料内投喂，1 周后，同时减少活虫量和在饵料内的添加量，就这样经过 20 来天的驯饵，可以使黄鳝采食人工饵料，效果明显。

4. 黄粉虫养殖的经济动物风味好

这在水产养殖业上应用较为明显，以鲤鱼为例，用黄粉虫养出的鲤鱼，体色有光泽，肉质细嫩、洁白，口感极佳，肥而不腻，比用人

工饲料强化喂养的鲤鱼好得多，而且没有特殊的泥土味；用黄粉虫饲喂的河蟹比单纯用人工配合饲料饲养的河蟹生长速度快，个体规格大，体色接近湖泊水库的天然河蟹，深受消费者的青睐。

5. 黄粉虫可使观赏动物体色艳丽

我国观赏动物如观赏鸟、观赏鱼、观赏龟等的养殖越来越多，观赏动物的赏析越来越受到重视，对它们的体质和体色要求也越来越讲究。黄粉虫含有大量的氨基酸和微量元素，它们是天然的着色剂。用黄粉虫来喂养观赏宠物，使观赏宠物抵御疾病的能力增强，体态更加丰腴美观，色泽更加亮丽鲜艳，增色效果明显而且不易褪色。

6. 增殖速度快，产量高，易得性强

黄粉虫的食性杂，繁殖速度快，生长周期短，生命力强，人工饲养的方法简单，对设备条件的要求不高，省人工、成本低、易管理。因此养殖黄粉虫具有投资小、资金回笼周期短等特点，养殖黄粉虫不需要多大的资金投入，有几十、几百元就可以操作。同时黄粉虫的生长周期短、世代交替快、繁殖力旺盛，根据养殖的经验表明，黄粉虫全年都可以生长繁殖，从卵到幼虫到蛹直至羽化为成虫的生育周期约为 100 d，人工培育时，往往具有“暴发式繁殖”的能力，同时黄粉虫对环境的适应能力强，易于大量培养，产量极高。

7. 开辟了利用和转化以农作物秸秆为主的农业有机废弃物资源的新途径

我国是传统的农业大国，每年伴随着各种农作物的丰收而产生的秸秆、藤蔓达 6 亿多吨，这些秸秆类被我们充分利用的只是很少一部分，主要是用于大型牲畜如牛、羊、驴、马等饲养消耗的不足 20%，被农村用作烧柴的不足 10%，其余均被当场焚烧或长期堆积自然腐烂。每到两季双收季节，便在大江南北看到到处是秸秆焚烧的野烟袅袅升起，既造成资源浪费，又阻碍交通、阻挡河道、污染环境。因此如何利用和转化这些有机废弃物，并使之产生一定的经济效益，是各级政府的工作重点之一，也是广大农民热切盼望解决的问题。这些年来各地频频出招“禁烧令”，却往往是有令无行，主要的原因就是大量的秸秆处理无方造成的，因此通过黄粉虫利用和转化这些农作物秸秆为主的农业有机废弃物资源无疑是一条崭新、有效的途径。据统计，安徽省每年生产农作物秸秆废弃物 9 200 万 t，如 80%用来利用养殖黄粉虫，农民售柴草将有一笔十分可观的收入，而取得的环保及生态效益则是不可估量的。此外，生活垃圾及畜禽粪便也可以作为黄粉虫饲料成分加以转化和利用。

实践已经表明，黄粉虫可将秸秆等工农业有机废弃物（腐屑）充分转化为人类可利用的物质，它解决了大量秸秆等腐屑资源浪费与污染环境的问题，建立起新的不同于传统食物链的“腐屑生态系统”，开辟了人类获取蛋白质的一个全新的途径。人们通过饲养黄粉虫这种方式，进而饲养各种畜禽和多种经济动物，使农业生产自身形成产业链条，为农业产业化开辟了一条新路子。

8. 新的就业途径

国内外的经验证明黄粉虫的开发、利用为昆虫资源的产业化开发利用开创了良好的范例，黄粉虫产业化开发是以农作物秸秆为转化利用基础，产生的虫粪是高效生物有机肥，重返农业生产领域；利用高蛋白虫粉加工成饲料，重返畜牧业领域；自身形成特种经济动物养殖业，不断向高科技产品的开发迈进，将成为利用现代科技手段、综合开发利用昆虫这一古老生物资源的范例。

如果黄粉虫养殖事业得到大面积的推广，则可形成新型产业，增加就业门路。根据多年的试验及现行一些成功的养殖方法，笔者认为，黄粉虫的饲养工艺比较简单，易于向农户、城镇推广。现在农村的居住条件都十分宽松，非常符合家庭养殖的条件，如果一户每年生产 2 t 成虫，就可解决 1 个人员就业问题，因此可以这样说，黄粉虫养殖一旦形成产业后可有效地缓解农村和城镇的就业压力。

由以上分析可知，培育黄粉虫既能满足动物市场的蛋白质需求，又为名特优新经济动物的增、养殖提供了生物饵料基础，具有明显的经济效益和社会效益，同时它们对防止饲料污染具有重要的作用，所以值得大力推广。

三、黄粉虫在昆虫资源应用中的地位

黄粉虫产业化开发不仅具有较好的经济效益和社会效益，而且对资源昆虫行业也具有较大的促进作用。地球上的昆虫资源十分丰富，据昆虫学家的调查，全世界已知昆虫种类达180余万种，中国已知的有33万多种。就全世界而言，对于昆虫资源的开发利用还相当不够，目前，世界各国已经开始加强这方面的工作，并取得了许多成果，而目前在我国能够形成产业的仅有传统的桑蚕及蜜蜂2个昆虫种类。

现在黄粉虫产业的快速发展为我国开辟了新的能源资源宝库，它是生产优质的食用油、保健品添加用油、化妆品添加剂和变压器用油的原料以及具有高蛋白质、低脂肪和奇香特点的绿色昆虫食品，同时更是新型的饲料原料，在国际市场供不应求，是继“家蚕”和“蜜蜂”之后的第三大昆虫产业，并且可能带动人们对其他昆虫资源的产业化利用，同时，为秸秆转化开辟了新途径，对畜牧业、种植业的绿色生产及提高农民收入都具有极大的促进作用，因此发展前景极为光明。

四、国外利用黄粉虫的情况

人类与昆虫交往的历史，基本上是一部为争夺食物而战斗的历史，随着科学的发展，历史的进步，人们从另一个角度重新审视这些昆虫，发现它们是目前地球上尚未被充分利用的、最大的生物资源。研究昆虫资源、利用昆虫资源、开发昆虫产业，正成为新世纪全球性的热潮，目前，国际上一些发达国家，已经把开辟新的蛋白质资源的途径转向昆虫。为了研究和利用黄粉虫，这些国家还成立了专门的研究机构，进行深入而系统的研究，据资料表明，最早研究黄粉虫并取得相当出色成绩的国家有法国、日本、德国、澳大利亚、俄罗斯、新西兰和墨西哥等国。他们的研究方向和内容主要是黄粉虫生产饲养技术、人工养殖的饲料供应、黄粉虫的药用价值、食用价值、保健价值、工业价值和饲料价值等方面。

如美国已开发了上百种昆虫蛋白质资源，生产出了不同种类的昆虫食品投放市场，备受人们青睐。在墨西哥、法国、澳大利亚、新西兰等国家的家庭餐桌上，他们正发挥自己的传统食虫文化优势，在全世界开拓他们的昆虫食品市场，因此在这些国家"黄粉虫菜"非常普遍。英国、德国一些昆虫食品开发商已开发生产了十几种"昆虫饮料"。美国到 1997 年为止，已建立了 12 家国际及民间科研机构，从事昆虫的养殖及加工研究，形成了昆虫的基础研究→应用研究→开发研究的科研体系。

纵观大的方面来看，在国外，目前黄粉虫的应用主要还是用在宠物饲养上。如黄粉虫干可以作为宠物狗、猫、鸟饲料的添加剂，加入饲料中既可以替代鱼粉的添加，又具有预防疯牛病、口蹄疫和禽流感等传染性疾病扩散的作用。另外黄粉虫还是各种观赏鱼、观赏龟等的天然饵料。

五、国内开发黄粉虫的情况

国外研究和应用黄粉虫的历史已经有 100 多年了，而我国对黄粉虫的利用和研究只有不到 60 年的历史，因此我们在黄粉虫的开发应用和新领域利用方面还是和国外有一定距离的。

1952 年，我国自前苏联首次引进黄粉虫，当时是由北京动物园主持引进的，主要是用来饲喂一些珍稀飞禽，后来渐渐用于一些药用动物和其他经济动物的饲料，同时也用于教学研究。1955 年前后，黄粉虫渐渐流向当时北京的官园花鸟鱼虫市场，成为宠物的好饲料。这时的黄粉虫养殖还是小打小闹，主要是饲喂自家的鱼、鸟，多余的一部分用来出售赚钱。

随着人们对黄粉虫的进一步认识和开发，黄粉虫在我国的应用渐渐上升了一个台阶，1981 年开始，人们在养殖蝎子时，发现黄粉虫是最佳的饲料来源，于是就有养殖户专门养殖黄粉虫来用于蝎子的养殖。到了 20 世纪 90 年代，人们开始认识到各种珍稀动物的保健作用，纷纷养殖甲鱼、蛤蚧、牛蛙等经济动物，这对黄粉虫作为饲料的需求有了进一步的提高，这一时期黄粉虫还是作为饲料使用。

20 世纪末，全球对昆虫的利用有了重新认识，这时的黄粉虫养殖在我国也有了质的飞跃，已经有专门的生产专家和厂家进行培育，一些科研工作者也加入到这方面的研究中，其中科研成果最为显著的当数山东农业大学从 1994 年开始研究的科技成果——"黄粉虫新品种选育、繁育、工厂化生产及产业化开发"在 1999 年 11 月通过山东省农业厅组织的鉴定，山东农业大学的教授们历经 6 年时间，以在全国各地搜集的黄粉虫种质资源为基础，经过选育、杂交培育出 3 个黄粉虫新品种，分别命名为 GH-1、GH-2、HH-1，为了加强对科研成果的保护，他们已经将选育的黄粉虫注册为"神虫"商标，该成果于 2000 年中国(泰安)农业高新技术成果、产品、交流、交易博览会上被评为金奖。

进入新世纪以来，黄粉虫的研究更是突飞猛进，在 2001～2003 年组织实施的农业部丰收计划项目——"黄粉虫工厂化生产技术的示范应用"在 2003 年 8 月通过了鉴定。

现在我国对黄粉虫的应用范围已经延伸到更多领域中，主要表现在以下几个方面：黄粉虫是替代鱼粉的优质蛋白质饲料，其营养成分可与进口优质鱼粉相媲美，而生产成本远远低于鱼粉；黄粉虫是优质的油产品来源；以黄粉虫鲜虫体或脱脂蛋白质为原料开发的食品、饮料、调味品不断涌现；黄粉虫蛹罐头和黄粉虫菜肴已经出现；黄粉虫虫蜕是生产甲壳素的优质原料，其钙质含量远远低于虾、蟹壳，加工难度大大降低；是良好的有机肥料等。

六、黄粉虫的利用趋势

1.大量培养及工厂化养殖技术的研究和开发

要进一步研究与黄粉虫养殖有关的生物学和生理生态特征，确定其最适培养密度、盐度、温度、酸碱度、光照强度及食物组成、消化性能等，将各种因子有机结合，组合成高产配套的养殖技术进行大量培养，在此基础上，研究并完善工厂化养殖生产流程，完成高产、低耗、实用的工厂化生产工艺。

2.包装和运输技术的研究与开发

在新加坡、马来西亚以及其他东南亚等发达国家和地区，鸟、鱼等观赏动物及名贵水产品的鲜活饵料主要是黄粉虫、摇蚊幼虫等，因此，这些饵料生物在市场的售价很高，如黄粉虫在台湾市场的售价达到约 950 元/kg，在上海的售价也达到 48 元/kg，大麦虫的售价达到 110 元/kg。因此，加强研究这种饵料生物的包装和运输，及时输送鲜活生物饵料，抢占市场并由此带动观赏养殖业的发展战略，显得非常重要，应根据黄粉虫的生活习性与特点，研究可行的包装和运输方法及加工技术。

3.促进名特优新品种的研究与开发

(1)观赏鱼　由于黄粉虫对改善观赏鱼的体色具有重要的作用，可以大规模地研究与开发黄粉虫来促进我国观赏水族的进一步发展，对黄粉虫的培育及供应往往决定养殖效益和经济效益。

(2)饲料添加剂　在黄粉虫中含有丰富的氨基酸和丰富的促生长物质、酶、激素等，而这些东西往往是谷物蛋白质所缺乏的，因此将黄粉虫干制成添加剂就可以起到和谷物饲料互补的作用。据报道，利用黄粉虫幼虫干粉添加于饲料中，可以替代进口鱼粉。

(3)改善经济鱼虾类的体色和肉质　鱼虾类的商品价值受外观、鲜度的影响很大。鱼虾类一般自己不能合成色素，只能从饲料中得到，然后在体内沉积下来，显示其体色和肉色。鲑、鳟鱼类以肉色粉红而闻名，运用黄粉虫可以改善其肉质，使肉质更加粉嫩；香鱼体色是带黄色的绿褐色，但人工养殖的香鱼全身发黑，如果采用适当的黄粉虫干添加于饲料中，不但能减少香鱼身体变黑的可能性，而且可使发黑的香鱼恢复到自然体色，对提高鱼产品的品质有重要意义。

（4）特种水产品　甲鱼、黄鳝、龟等以黄粉虫为主要动物蛋白质饲料之一，它们吃了这些天然活饵后，不但生长迅速，而且体质健壮，疾病少，成活率高，口味纯正，接近天然环境下生长的产品，市场价格坚挺，因此在开发特种水产品养殖尤其是工厂化养殖时，必须解决活饵料的培育与供应问题。

第二章　黄粉虫的形态特征和生活习性

第一节　黄粉虫的形态特征

黄粉虫是一种完全变态的昆虫，它的生活史（指一个生长周期）可分为卵—幼虫—蛹—成虫 4 个阶段，各阶段的特点如图 2-1 所示。

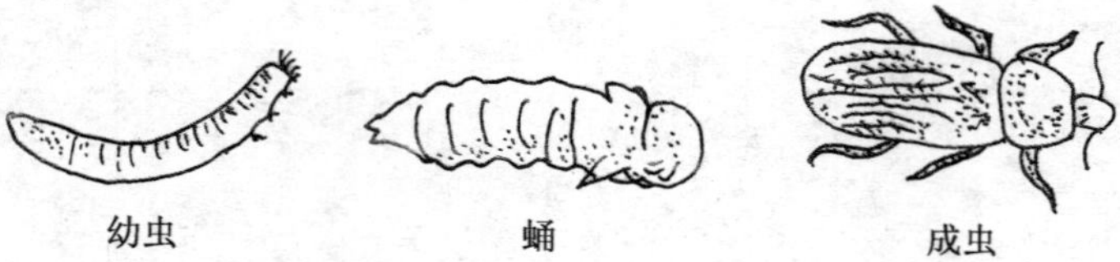

图 2-1　黄粉虫的虫态

一、卵

椭圆形，近似乳白色，聚团状，每粒卵约有芝麻粒大小，长径为 1～1.5 mm，短径为 0.5～0.8 mm，卵外被卵壳，卵壳薄而软，起保护作用，极易受损伤。卵由成虫产出，在成虫产卵时，往往先产成一条直线，由于虫量较多，最后由众多的成虫产出的卵集片成群，这时就需用接卵纸接住虫卵，以方便孵化。但有少量成虫的产卵行为不正常，会产在饲料中，这时就要用专用的筛网及时筛选并分离出虫、卵及虫粪，再对卵进行孵化。

研究表明，黄粉虫的卵很柔软，也很脆弱，极易破裂，因而在运输时一定要小心。卵的内部结构可分为卵壳、卵核、卵黄、原生质。卵虽然易破裂，但是我们在生产中发现一个奇特的现象，就是一旦卵壳破裂后，就会立即分泌出卵液，这种卵液很有黏性，它会迅速黏合虫粪或食物，从而在卵的周围形成一层保护层，起保护作用，这可能就是黄粉虫在大自然中为了自身的生存而形成的一种特殊本领。

卵要放在专门的孵化箱内孵化，孵化的时间随温度不同而异，孵化的适宜温度为 19～26℃、适宜湿度为 78%～85%。当温度在 25～30℃时，卵期为 5～8 d；但温度为 19～22℃时，卵期为 12～20 d；温度在 15℃以下时，卵极少孵化甚至不孵化。成虫在缺食时会吞食自己产下的卵，这一点非常重要，因此在养殖时要随时取出卵。

二、幼虫

破壳孵化出来的小虫至蛹化前，统称为幼虫，幼虫期为 76～201 d，平均生长期为 120 d，刚刚孵出的幼虫呈银白色，十分脆弱，也不易观察，体长仅为 2～3 mm，孵出约 10 h 后逐渐由白转黄，以后随着日龄的增加，体长也逐渐增加，约 20 d 后，全部变为黄褐色，无长毛，有光泽，体壁亦随之硬化。成熟的幼虫虫体呈圆条形，身体直，皮肤坚，前后粗细基本一致，宽为 4～6 mm，体长为 28～36 mm，从头到尾共分为 13 节，第 1 节为头部，第 2～4 节为胸部，头胸所占虫体的比例较短，约为身体的 1/5。第 13 节为肛门，其余几节为腹节，节间和腹面为黄白色，各节连接处有黄褐色环纹，头壳较硬，为深褐色。头缝呈 U 字形，嘴扁平。尾突尖，向上弯曲。值得注意的是，各龄幼虫处于蜕皮时均为乳白色，每 4～6 d 蜕皮 1 次，身体增长 1 次，在蜕皮 5 h 后，体色会渐渐转变，从黄白色变为浅黄褐色，直到最后的黄褐色。幼虫缺食时会互相残杀。幼虫就是我们常说的黄粉虫，也就是利用价值最高的阶段，可用箱、桶、盘和水泥池养殖。幼虫长到 65 日龄时，体重已达高峰，此时可以出售或使用。

三、蛹

幼虫长到 50 d 后，长为 15～19 mm 时，开始化蛹，蛹初为白色半透明，体较软，渐变褐色后变硬，无毛，有光泽，鞘翅伸达第 3 腹节，腹部向腹面弯曲明显，紧贴胸部。蛹的两侧呈锯齿状或“八”字形，有棱角。成蛹以后，颜色由白色转为黄色，头大尾小，不食也不动，这时要将蛹从培养箱或盘中移出并放进产卵箱，以免被幼虫咬死，蛹经 10 d 变成成虫。蛹的适宜温度为 26～30℃，适宜湿度为 75%～85%。蛹期为黄粉虫一生中最为脆弱的阶段，须高度重视。蛹在 6～8 d 即可羽化。

四、成虫

黄粉虫的成虫也叫黄粉甲，俗称蛾子，是一种甲壳类的虫体，如果蛹在 25℃以上，经过 1 周后就可以蜕皮成为成虫。初羽化的成虫壳先为乳白色，头橘色，甲壳很薄，呈椭圆形，经过10～25 h 后颜色由白变黄，最后变成黑褐色，甲壳变得又厚又硬，这时完全成熟了。成虫体长为 14～19 mm，宽为 6～8 mm，性成熟的成虫羽化后 4～5 d 进入性成熟期，开始交配产卵，成虫可多次交配，多次产卵。成虫繁殖的适宜温度为 25～30℃，低于 5℃时进入冬眠状态，高于 39℃就死亡，因此在养殖过程中，一定要把好温度关。

成虫的虫体结构要比幼虫复杂一些，分为头、胸、腹 3 部分。成虫头部比幼虫头部多长出一对触须，并且是幼虫截面直径的 5 倍长。成虫体表多密集黑斑点，无毛，有光泽，复眼，红褐色。足 3 对，1 对长在前胸部，2 对长在腹部，足比幼虫的长 8～10 倍。每个足尖 2 个钩爪，足趾上有毛刺。背部翅膀上有竖纹若干条。触角念珠状,11 节,触角末端长大于宽;第 1 节与第 2 节长度之和大与第 3 节的长度;第 3 节的长度约为第 2 节长度的 2 倍。成虫虽然有一对漂亮的翅膀,但是后翅退化,不能飞行,翅膀一方面保护身躯,另一方面还有助于爬行。

成虫阶段为黄粉虫的繁殖期,是黄粉虫生产的重要阶段。在适宜的温、湿度条件下,每年繁殖 2 或 3 代,且世代重叠,无越冬现象。成虫一生中多次交配、多次产卵,交尾时间是在晚上 8:00 至凌晨 2:00,每次产卵 5～40 粒,最多 50 粒。每只雌成虫一生可产卵 280～370 粒,其产量高峰为羽化后的 60 d 以上。雌成虫寿命为 34～127 d,雄成虫寿命为 39～82 d。在华东地区,黄粉虫的最佳产卵季节为 4～6 月份和 9 月中旬至 11 月上旬这 2 个阶段。若科学管理,可以延长产卵期和增加产卵量,如利用复合生物饲料,适当增加营养,且提供适宜的温、湿度,产卵量最多可提高到 800 粒以上。值得注意的是,成虫在缺食时会吞食自己产下的卵,这一点需要注意并加以防范。

五、黄粉虫的近缘种

黄粉虫在全世界分布很广，据资料表明目前已经记录的有 25 种。我国已记载种类有黄粉虫和黑粉虫 2 种，成虫前者有光泽，后者无光泽；幼虫前者为黄褐色，后者为暗红带黑褐色。它们作为谷物害虫曾在全球传播，而黄粉虫经过人工培养已能为人类所利用。

1. 黑粉虫

黑粉虫,是黄粉虫最主要的近缘种,俗名大黑粉虫,又叫拟步甲、伪步行虫,体型大小与黄粉虫基本相同。黑粉虫和黄粉虫一样都是仓库重要的害虫,主要为害粮食、油料、鱼、肉制品、药材及各种农副产品,往往在仓库的墙角、柜底潮湿的地方见到它们的踪迹。

黑粉虫和黄粉虫虽然相似,但还是有相当大的区别的,见表 2-1。

表 2-1 黄粉虫与黑分虫的区别

虫态	区分部位	黄粉虫	黑粉虫
幼虫	体长	体长 28～36 mm，宽为 4～6 mm	体长 34～37 mm，宽为 4～5 mm
	体色	背板黄褐色，臀部各节、背中部及前后缘为黄褐色，腹面及节间为淡黄白色	背板黑褐色或暗红褐色，臀部各节为黑褐色，腹面及节间为黄褐白色
	触角	第 2 节触角的长要比宽大 3 倍	第 2 节触角的长要比宽大 4 倍
	刚毛	靠近内唇的两侧均有刚毛，其余地方无刚毛，每侧各有 3 对计 6 根刚毛	靠近内唇的两侧均有刚毛，其余地方无刚毛，每侧刚毛不成对，约 3 根刚毛
	刺	在前足转节的内侧有 2 根刺状刚毛	在前足转节的内侧有 1 根刺状刚毛
	腹节	第 9 节宽超过长，尾钩的长轴和背面几乎形成直角	第 9 节宽不超过长，尾钩的长轴和背面形成明显的钝角
成虫	体长	体长 14～19 mm，宽 6～8 mm	体长 16～20 mm，宽 8～9 mm
	体色	赤褐色，有脂肪样的光泽	深黑色，无光泽
	体型	较圆滑	较扁平
	触角	末节的长大于宽，第 3 节短于第 1 节与第 2 节之和	末节的长小于宽，第 3 节几乎等于或略长于第 1 节与第 2 节之和
	前胸	前胸宽略超过长，表面有刻点	前胸宽略短于长，表面有刻点且密集
	鞘翅	鞘翅有刻点，行列间没有大而扁的刻点	鞘翅有刻点且极为密集，行列间有大而扁的刻点，从而形成明显的隆起的脊
分布区域		主要在我国北部地区	分布广，我国各地均有
活泼程度		一般	很活泼，爬行迅速
产卵能力		产卵能力强，每年繁殖 2～3 代	产卵能力弱且成活率低，平均每年 1 代
饲料利用率		高	低
人工养殖周期		短	长

由于黑粉虫的人工养殖周期较长，产卵能力也远远比不上黄粉虫，因此养殖经济效益不如黄粉虫明显，所以专门养殖黑粉虫的并不多，有一部分养殖户是在饲养黄粉虫的同时养殖少量黑粉虫，因此，我们在选择养殖对象时，为了经济效益，还是放弃对黑粉虫的养殖。

2. 大麦虫

大麦虫，又称超级麦皮虫或超级面包虫，属于节肢动物门、昆虫纲、鞘翅目、拟步甲虫科昆虫，大麦虫以麦麸为主要饲料，因此称大麦虫，目前，在我国主要用于高档宠物如名贵金龙鱼、银龙鱼等高级观赏鱼类的专用活饵料。随着生产养殖技术的成熟，社会养殖量逐渐增多，价格趋于平缓、稳定，尤其有营养丰富、容易消化、适口性好等优点，开始逐步向各类人工饲养爬行类宠物（壁虎、蜥蜴、龟等）推广应用。

大麦虫与黄粉虫的外形很像，大麦虫的老熟幼虫最大体长达到 6 cm 左右，比一般的黄粉虫体长大 2～3 倍，其营养价值更是远远超出幼体蟋蟀和黄粉虫。

大麦虫和黄粉虫一样，是完全变态的昆虫，一生历经卵、幼虫、蛹、成虫 4 个阶段，从卵孵化到成虫羽化大约需要 3 个多月的时间。成虫体色变黑即为性成熟，具有持续交配和产卵的习性。雌性成虫体型较雄性成虫个体明显偏大。

温度在 30℃时，大麦虫虫卵的孵化周期为 3～5 d，15～20℃时为 7～10 d，低于 10℃几乎不孵化。

不同的饲料直接影响到幼虫的生长发育。合理的饲料配方、较好的营养可以促进幼虫取食、加快生长速度、降低养殖成本。幼虫的饲料比较简单，刚孵化出的幼虫体长为 2～3 mm，体壁柔软、颜色为白色，刚孵化出的小幼虫因体积较小，所以要适当地添加一些精饲料，如小麦粉、大麦粉等。

幼虫喜欢黑暗、怕光，蜕皮时常爬浮于群体表面，初蜕皮的幼虫为乳白色，十分脆弱，也是最易受伤害的时期。约 2 h 后逐渐变为黑褐色，体壁也随之硬化。

虫蛹生长过程中，体表颜色先呈乳白色，第一次蜕皮后变为黄褐色，以后每 6～10 d 蜕皮 1 次，虫蛹期共蜕皮 6～10 次。幼虫30 日龄时在饲料中化蛹，室温 20℃以上，蛹经 10 d 蜕皮变为成虫。

大麦虫成虫后翅退化，不能飞行，爬行速度快，附着能力强。也是负趋光性昆虫，性喜黑暗，怕光，夜间活动较多。成虫的寿命一般在 140～180 d，雌虫交配 2～3 d 后，在取食并生存其中的麦麸糠杂中产卵，并且多次交配、多次产卵，雌虫产卵高峰为羽化后的 15 d 左右。成虫繁殖期 40～60 d，雌虫产卵量在 400～1 600 粒/头，平均产卵量为 600 粒/头。

大麦虫的食性非常杂，与黄粉虫相似，麦麸、各种果菜残体、人工饲料、动物尸体均可采食。目前，人工养殖以麦麸为主要饲料，添加各种果菜残体，补充味精、糖、维生素、鱼粉、骨粉等；水分的获得主要通过对根茎类、厚叶片类蔬菜及瓜果皮的采食补充，以免环境过于干燥而导致虫体死亡。

3. 杂交种

有部分养殖户和科研专家在对黄粉虫和黑粉虫混养过程中发现，有一种既黄又黑的幼虫大量出现，这个品种就是黄粉虫和黑粉虫的杂交种，它具有明显的杂交优势，一些专家的研究表明，这种后代的生长速度比双亲都快，而且生活能力更强，这对黄粉虫的增、养殖是大有好处的，可以为解决黄粉虫资源的退化提供一种新的思路。

第二节　黄粉虫的内部结构

黄粉虫与大多数的节肢动物一样，属于体腔血液循环系统，在骨骼系统上属于外骨骼，了解黄粉虫的一些主要内部结构，揭示黄粉虫的生命现象和机能规律，对于解决生产实际中遇到的一些问题极有帮助，如通过了解黄粉虫的肠道结构，可以充分理解黄粉虫的摄食习性，能在生产中为其提供最好的食物。这里就简要地介绍一下黄粉虫的基本内部结构。

黄粉虫的内部生理系统包括消化系统、生殖系统、神经系统、呼吸系统、循环系统、体壁系统、内分泌系统等，其中对生产有直接影响的主要是消化系统和生殖系统，本文也就介绍这 2 种系统。

一、消化系统

由于黄粉虫是完全变态的昆虫，因而它们各期的消化系统是有区别的，蛹期基本上是不活动的，消化系统对于生产基本上是没有意义的；卵期的消化是在内部进行的，对于生产也是没有多大意义的，故主要说明幼虫和成虫的消化系统。幼虫是呈长圆筒形，与之相适应的就是它的消化道也是平直而且很长的，几乎贯穿于整个躯体，前肠和中肠发达，主要完成食物的消化和吸收功能。而成虫是甲壳状的昆虫、体短，所以与之相适应的消化道也比较短，但是它的肠壁质地较硬，尤其是中肠较发达，成虫主要依靠它完成食物的消化和吸收功能。

由此可见，成虫的消化系统是不如幼虫的，所以我们在为它们提供食物时，也应有区别，在幼虫期可以多提供一些含有水分的蔬菜或者是颗粒较大的食物，在生产实践中，我们也发现黄粉虫的幼虫对食物不挑剔，几乎可以食用我们常见的所有东西，如腐败的有机物、废弃的有机物、各种动植物的尸体，甚至毛发、塑料、纸张、木材等它都能利用。而成虫则对食物的挑剔性要强得多，这就要求我们在生产中应将成虫饲料的营养成分提高一些，加工得更精细一些，我们通常喂给成虫麦麸就是这个道理。在具体的日常投饲时，要遵循“少量多次、不欠不剩”的原则。

二、生殖系统

黄粉虫的繁殖能力是很强的,所以它的种群也是很大的,这对于我们的增、养殖是大有益处的,也是我们所期待的,这种繁殖能力是以其生殖系统的生理机能为基础的。

黄粉虫的生殖系统包括雌性生殖系统和雄性生殖系统,是产生卵子或精子、进行生殖交配、完成种族繁衍的器官。生殖系统主要分为内、外 2 部分,也就是外生殖器和内部生殖系统,外生殖器基本上是由腹部末端的几个体节和一些附肢组成,位于身体腹部。而内生殖系统还包含生殖腺和附属腺,位于腹腔内,结构相对比较复杂,这是与完成它们的使命相关的,主要功能就是释放生殖激素,产生生殖细胞,并通过吸收营养成分来完成生殖细胞的生长发育。到了一定时期,就通过一系列生殖行为将生殖细胞进行雌雄配合并排出体外,进行卵期发育。

1. 雄性生殖系统

雄性黄粉虫的生殖系统包括 1 对管状附腺和 1 对豆状附腺、1 对睾丸(内含许多精珠,每个精珠内贮存有近百个精子)、1 根射精管、1 根阴茎。雄虫自羽化后第 6 天就可以通过解剖镜清晰地看到发达的附腺和睾丸,在交配时,通过神经系统的支配,睾丸内的精珠在 2 对附腺的帮助下,与附腺产出的液体一起自射精管中排出,与雌虫的卵子结合。通过相关科研表明,在排放精珠的过程中,2 对发达的附腺功不可没,它们通过不断地伸缩,向射精管输送液体,这种液体可能是起润滑作用的,有助于射精的快速完成和输送精液。据资料表明,1 尾雄虫一生可交配 3～6 次,每次可产生精珠 15～40 个,计产生精子 3 000 多个。

2. 雌性生殖系统

雌性黄粉虫的生殖系统比雄性的要发达,它主要由卵巢、输卵管、侧输卵管、排卵管、受精囊和附腺组成。

随着雌虫羽化,它体内的生殖系统发生一系列的生理变化,主要是向着成熟方向发展。刚羽化的雌虫，生殖系统是很不发达的；羽化第 6 天开始，生殖系统会发生特别大的变化，标志着生殖功能已经开始具备；到了第 15 天，生殖腺发育良好，已经达到产卵盛期，两侧的输卵管内会聚集着大量的成熟卵子，卵巢也不断地分裂发育成幼小的新卵，在这期间如果遇到雄虫的刺激，神经系统就会发出指令，让雌虫做好生殖准备。每次交配时，雄虫就输出精珠，雌虫会将精珠存入贮精囊中，这时会有卵子通过，贮精囊内的精珠会及时释放出 1 个或多个精子，卵受精后形成受精卵，排出体外继续完成卵的发育。当雌虫体内的精子及精珠用完后，会重新寻找雄虫并与之完成新一轮的交配活动，以不断获得新的精珠和精子，如此多次，整个群体就完成了生殖行为。

雌虫在排卵 28 d 左右，如果没有大量的新鲜能源补充时，卵巢就会渐渐萎缩退化，如果此时能持续补充充足的能量，可促进雌性生殖系统尤其是卵巢的继续发育，可以重新产生大量的优质卵子，以供下一次的生殖行为之用，所以说在成虫繁殖期间，我们一定要提供充足的优质饲料，这不但可以提高卵子的数量，对卵子的质量也大有好处。

三、其他结构

其他结构包括神经系统、内分泌系统、体壁系统等，对于黄粉虫自身来说，是非常重要的，但对于养殖者而言，就显得没有太大的意义，因此在这里就不作表述。

第三节　黄粉虫的生活习性

一、变态习性

黄粉虫是完全变态的昆虫，它具有变态的习性，一生要历经 4

次不同的形态，既小而圆的卵期、大而娇嫩的蛹期、长圆形的幼虫期、甲虫状的成虫期。每次变态前，它们都有一些明显的征兆，如体色变白、活动减弱、爬到饲料上等行为，变态前基本上不摄食，变态后的短时间内体质非常娇弱，极易受到伤害，了解这些变态前的行为，可以有效地采取措施、加强保护、提高它们的变态成活率。

二、虫态时期

在人工养殖的条件下，黄粉虫一年可发生 3～4 代，世代重叠，无越冬现象，冬季仍能正常发育。

黄粉虫各虫态经历的时间长短与温度密切相关，总的来说，适宜温度为 20～30℃，在 20～25℃的条件下，黄粉虫从卵发育至成虫约需 133 d；在 25～32℃的条件下，黄粉虫从卵发育至成虫只需 110 d。

在 10～20℃的条件下，卵期为 20～25 d；在 20～25℃的条件下，卵期为 7～8 d；在 25～28℃的条件下，卵期为 5～7 d；在 30～32℃的条件下，则卵期为 3～4 d。

幼虫期一般为 10～15 龄，90～480 d，平均为 120 d。在 20～25℃条件下，幼虫生长发育速度最快，约为 122 d；在 25～32℃的条件下，幼虫期约为 103 d。

蛹期发育也略有不同，在 10～20℃的条件下，需 15～29 d 孵化；在20～25℃的条件下，需要 8 d；而在 25～32℃的条件下，则需要 6 d。

成虫寿命为 50～160 d，平均寿命为 60 d，科学测试表明，黄粉虫一生中的有效积温总和在 1 450℃，在温度 20℃以上时，成虫寿命随温度的升高而缩短。比如在 20℃时饲养，黄粉虫的寿命为 64 d 左右；在 24℃时饲养，黄粉虫的寿命为 55 d 左右；在 28.5℃时饲养，黄粉虫的寿命为 42 d 左右；在 31.5℃时饲养，黄粉虫的寿命为 38 d 左右；在 36.5℃时饲养，黄粉虫的寿命为 27 d 左右。

三、温度要求

黄粉虫是昆虫类，和鱼一样是变温动物，它进行生命活动所需要的能量，主要是来自于吸收太阳的辐射能，还有一部分是黄粉虫本身机体进行新陈代谢产生的能量。当周围环境的温度发生变化时，黄粉虫的生长发育和生殖行为等一系列的生理活动都要受到影响，甚至引起死亡。

根据许多实验表明，黄粉虫对温度的适应范围及死亡时的温度是有一定区别的，为了了解温度对黄粉虫的影响，以方便在生产中采取必要的科学措施来应对这个因素，确保生产活动取得最佳的经济效益，我们人为地将黄粉虫对温度的适应范围分为以下几大类，其实在生产上它们是相互联系的，不可能将所需温度分得这么准确。

1. 适温区

适温也就是适宜温度的简称，适温区又称为有效温区，简单地说，就是黄粉虫在这个温度区域条件下生长发育，进行一系列的生命活动是有效的，不会致死和致畸，所吸收的营养成分基本上除了满足自身新陈代谢外，其余的将会全部用于生长和生殖行为上。研究表明，黄粉虫的适温区域很广泛，基本上在6～39℃。由于不同的适温区内，黄粉虫的生长速度又有一定的差异性，所以我们又人为地根据不同的生长速率，而将适温区再次区划为高适温区、低适温区和最适温区3个区域。

(1)高适温区　也就是适温区的高位区域或者称为适温区的上限，温度如果再超过的话，黄粉虫就可能致死。黄粉虫的高适温区为35～39℃，在这个区域内，黄粉虫的生长速度随着温度的升高而减缓，反之亦然。值得注意的是，在这个区域内，黄粉虫的生殖能力明显受到抑制，无论是产卵量还是孵化率都显著降低。

(2)低适温区　也就是适温区的低位区域或者称为适温区的

下限，温度如果再进一步降低的话，黄粉虫就可能致死，只有当环境温度超过这个最低温度，黄粉虫才开始发育，所以有学者又把它称为发育始点温度。研究表明，黄粉虫的各个虫态都存在发育始点温度，当然这4个不同时期的发育始点温度是不相同的。如黄粉虫成虫的低适温区为6～25℃，蛹发育的低适温区为10～15℃，幼虫发育的低适温区为6～10℃，卵发育的低适温区为6～10℃。在这个低适温区域内，黄粉虫的生长速度随着温度的降低而减缓，反之亦然。值得注意的是，在这个区域内，黄粉虫的生殖能力也明显受到抑制，无论是产卵量还是孵化率都显著降低，甚至不能繁殖。

(3)最适温区　也就是在适温区内最适宜黄粉虫生长发育和繁殖的有效温度，黄粉虫生长发育适宜的温度为25～35℃，而生长发育最快是在34℃。

上述温度是指群体内部的温度，一般来说，群体内部的温度往往高于室内温度8～10℃。如果室内温度达27℃时，就要采取降温措施，同时减少群体的密度，以免温度过高而热死。

2.临界致死温区

简单地说，就是黄粉虫开始陆续死亡的温度，它又分为临界致死高温区和临界致死低温区。研究表明，黄粉虫的临界致死高温区为40～45℃，当温度达到40℃以上时，黄粉虫就开始出现昏迷现象，继而死亡，如果时间很短，过一会儿温度迅速降低下来，则部分黄粉虫仍可以存活，只是它的生长速度和生殖机能或多或少受到了一些损伤。黄粉虫的临界致死低温区为－10～－5℃，当温度达到－5℃以下时，黄粉虫就开始出现昏迷现象，继而死亡，如果时间很短，过一会儿温度迅速上升，则部分黄粉虫仍可以存活，只是它的生长速度和生殖机能或多或少也受到了一些损伤。

3.致死温区

简单地说，就是黄粉虫在一定的时间内全部死亡的温度，根据不同的情况,它也分为致死高温区和致死低温区。研究表明,黄粉虫的致死高温区为45℃,致死低温区为—15℃。

(1)高温致死的原因 较高温度可导致黄粉虫死亡,第一个原因主要是温度升高导致体内各组织的水分过量蒸发而死亡;第二个原因可能是高温引起黄粉虫体内的蛋白质变性而死亡;还有一个原因就是高温时,空气闷热,供氧不足,导致黄粉虫因缺氧而死亡。

(2)低温致死的原因 较低温度导致黄粉虫死亡的原因,据分析可能有以下2种:第一个原因就是黄粉虫为了抵制低温,会消耗体内的脂肪组织来释放能量,以供需求,时间过长,则导致体内的养分过度衰竭而死亡;第二个原因就是低温时,黄粉虫体内尤其是幼虫的体内水分较多,可能会结冰,时间过长,则导致体内的原生质变性而死亡。

四、湿度要求

湿度实际上就是水分的问题,包括空气相对湿度和饲料含水量2个方面。适宜的水分是维持黄粉虫生命活动必需的,如黄粉虫体温的调节离不开水分的蒸发,营养物质在体内的运输也离不开水分,对食物的消化作用同样离不开水分。

黄粉虫体内水分的获得主要是:一是来自于食物,饲料含水量不仅影响黄粉虫对水分的吸收,还影响对养分的有效利用。饲料含水量不宜过高,一般控制在20%左右,所以我们在日常投喂时不能忘记要适当投喂一些新鲜的蔬菜和瓜果。二是通过新陈代谢作用产生一些水分。三是通过体壁从环境中吸收水分。在我们养殖黄粉虫时,这几点都很重要,尤其是第一点和第三点,这就要求我们在投喂时要科学,同时要注意养殖环境的湿度要求。

黄粉虫对湿度变化的适应能力很强,不同的虫态对湿度的适应能力也有所不同,研究表明,成虫的最适相对湿度为58%～

77%，卵的最适相对湿度为55%～73%，幼虫的最适相对湿度为67%～75%，蛹的最适相对湿度为63%～74%。在最适相对湿度范围内各虫态发育正常，湿度对卵各期的影响不明显；但幼虫随湿度升高而加快发育进度，龄数减少；成虫寿命延长，产卵量升高。但是当湿度过高时，没有及时吃完的饲料会和虫粪黏在一起，易发生霉变，导致黄粉虫生病，另外，高湿度会吸引蚊蝇前来，这对黄粉虫的养殖有时也是灾难性的，所以湿度一定要科学地控制好。

总的来说，黄粉虫不怕干燥，即使在含水量低于10%的饲料中也能生存，但湿度太低时，黄粉虫体内水分过分蒸发，因而生长发育慢，体重减轻，饲料利用率低，所以，最适宜的饲料含水量为15%，室内空气湿度为70%，但当饲料含水量达18%和室内空气湿度为85%时，黄粉虫不但生长发育减慢，而且容易生病，尤其是成虫更怕潮湿而生病死亡。值得注意的是，我们所讲的湿度一般是指养殖环境中的空气湿度，但对黄粉虫的生长发育起直接影响的则是饲养箱或盒或盆内的湿度，只有在日常管理中加以摸索，才能掌握快速判断温度和湿度是否合适的技巧。

湿度对黄粉虫繁殖的影响也很大，相对湿度以60%～70%最为适宜，湿度过高(达90%)时，幼虫生长到2～3龄即大量死亡，低于50%时，产卵量大量减少。

值得注意的是，在相同湿度环境条件下，保持温度稳定在最适温区内，对促进黄粉虫的生长、发育、交配、产卵及寿命都是十分重要的。

五、食性

黄粉虫的卵和蛹基本上不取食外源性的食物，我们通常投喂的也就是成虫和幼虫，根据研究表明，黄粉虫的成虫和幼虫都属杂食性昆虫。在自然界中，黄粉虫能采食各种粮食、鱼肉、果品、油料和粮粕加工的副产品，如糠麸、渣饼等，同时也采食各种蔬菜叶。

幼虫的食性比成虫更为广泛，除采食上述食物以外，还可以采食干鲜桑叶、豆科植物的叶以及各种昆虫尸体。当食物缺乏时，甚至会咬食木头做的饲养箱和垫底的纸片等，有学者在研究中发现，它们甚至可以取食塑料，而且能消化并吸收，在一般人的眼中，这是不可想象的。

从理论上讲，凡是具有营养价值的农副产品都可作为人工养殖的饲料，但是在生产上，我们仍以麦麸、菜叶、米糠、面包屑为主。当然黄粉虫的耐饥饿能力也非常强，在生长季节，即使 10 d 不喂食，也不会死亡，如果在温度略低也就是处于低适温区的下限时，黄粉虫可以不吃不喝度过半年左右的时间。值得注意的是，在我们进行人工高密度养殖时，一定要及时提供充足适口的饲料，因为当食物缺乏时，黄粉虫有自相残杀的行为，主要是成虫会用有力的大钳子取食幼虫和蛹，甚至也会取食自己刚产下的卵，而幼虫在食物缺乏时，也会毫不留情地取食蛹和卵，甚至幼虫会自相残杀，尤其是那些刚刚蜕皮而没有防守能力的同胞，常常成为它们的腹中美味。

六、对光的反应

黄粉虫性喜暗怕光，也就是说它是负趋光性昆虫，不需要太强烈的光照，在暗处比在光亮处生长要快。成虫喜欢潜伏在阴暗角落或树叶、杂草及其他杂物下面躲避阳光；幼虫则多潜伏在粮食、面粉、糠麸的表层下 1～3 cm 处生活，夜间活动较多。所以人工饲养黄粉虫时要主动为它们创造一个光线较暗的环境，或者饲养箱应有遮蔽，防止阳光直接照射影响黄粉虫的生活。

正因为黄粉虫具有长期适应黑暗环境生活的特性，所以黄粉虫可分层饲养，充分利用空间。一旦成虫遇到强光照，就会向黑暗处逃避，养殖户常常利用这一习性分捡蛹与成虫。

七、群居性

黄粉虫是集群性动物，性喜群居，幼虫和成虫均喜欢聚集在一起生活，适于高密度饲养，最佳饲养密度为每平方米2 000～3 000条老龄幼虫或成虫。人们常常利用它的这种习性来进行高密度饲养，但是黄粉虫饲养的密度也要适中，不宜过大。这是因为万事皆有度，一旦饲养密度过大时，黄粉虫的活动空间就会大大减少，易造成食物不足，导致成虫和幼虫吞食卵和蛹，造成养殖上的损失。还有一个原因就是当密度太高时，过多的黄粉虫拥挤在一起，导致群体内部的温度升高，这对刚孵化或刚蜕皮的幼虫极为不利，往往造成它们的死亡。当然为了有效提高养殖效益，饲养密度也不宜过小，这样会造成饲养场地的浪费，降低生产效率。所以人工饲养时应注意分箱，控制饲养密度。

八、自相残杀习性

自相残杀习性是指成虫吃卵、咬食幼虫和蛹，高龄幼虫咬食低龄幼虫、蛹或卵的现象。自相残杀会严重影响产虫量，这种现象通常发生于饲养密度过高，特别是成虫和幼虫不同龄期混养更为严重，当然饲料投喂不足或不均匀时也会发生这种情况。

为了提高生产效益，必须采取一切办法来防止黄粉虫的这种互残性，如何做到这一点呢？许多生产实践证明，可以从以下几个方面做好相关预防工作。

一是提供充足的、优质的饲料，满足它们的摄食需求。

二是不要大小、老幼不分地一起混养，最好是同批卵同时产下的幼虫一起饲养，以确保养殖群体相对整齐，当养殖到了一定阶段后，要及时分拣，将个体差异较大的拣出养殖。

三是合理控制养殖密度，不可一味地为了追求高产量，而将密度安排得过大，这是很值得注意的一项工作。

四是用特制的产卵筛饲养产卵成虫，一旦产卵时，虫卵会及时从筛网的孔隙中漏出，从而达到虫与卵分离的效果，则较好地解决了成虫吃卵问题。至于吃蛹问题，可以通过强光刺激，让成虫躲避后，再将蛹取出另行饲养。

五是加强日常管理，主要工作是分期采卵、分期孵化和分群饲养，加强观察，对混养或者是养殖时间较长的群体，要及时采取分拣方法及时分出蛹或成虫。

九、生殖习性

黄粉虫成虫期才具有生殖能力，在自然界中，雌雄比例为1∶1.05，如果生活环境的条件良好，雌性黄粉虫的数量会急剧增加，群体的雌雄比例可达(3～4)∶1；如果生活环境恶化时，尤其是营养条件不足时，雄性黄粉虫的比例会急剧增加，群体的雌雄比例会达到1∶(3～4)，而且亲本的成活率都很低。雌雄成虫一生中都可以交配多次，亲本羽化后3～4 d即开始交配、产卵，夜间产卵在饲料上面。产卵期平均为22～130 d，但80%以上的卵在1个月内产出，常数十粒粘在一起，表面粘有食料碎屑物，卵壳薄而软。雌虫产卵1.5个月后，产卵量下降，可以淘汰。成虫期仍进食，饲料质量影响产卵量。

由于雄虫的交配能力较强，可连续与6～8条雌虫交配而不影响它的寿命和受精率，因此在大规模饲养时，我们要充分利用它的这一特点，为了减少多余雄虫对饲料的消耗以及雄虫对雌虫的侵扰，同时也是为了适当降低养殖密度来考虑，可以在黄粉虫雌雄比例为1∶1的条件下，群体交配繁殖8 d左右，及时去除老的雄虫，补充新的雄虫，更换的老雄虫可以直接到市场上出售，或者用来进行加工或投喂经济动物，同时利用更新雄虫的机会将雄虫所占的比例降下来，可以达到雌雄比例为2∶1。

十、运动习性

黄粉虫生性好动，昼夜都有活动现象，但以夜间最为活跃，我们在饲养过程中往往会发现成虫喜欢爬到光线较暗的地方活动和产卵，因此在饲养过程中要人为地、主动地创造一些黑暗的条件。成虫后翅退化，不能飞行。成虫、幼虫均靠爬行运动，极活泼。人工饲养黄粉虫的饲虫盒内壁如果粗糙，幼虫和成虫极易爬出，为防其爬逃，饲养盒内壁应尽可能光滑。

十一、蜕皮习性

黄粉虫幼虫具有周期性蜕皮的习性，幼虫每蜕皮一次增加一龄，体形增加，体重也随之增加，可以这样说，黄粉虫如果不蜕皮，就不可能长大。据观察，幼虫蜕皮次数 8～19 次不等，通常 13～15 次，也就是说通常为 13～15 龄，4～6 d 蜕皮 1 次，历经 60～80 d，每尾黄粉虫的蜕皮次数与营养条件密切相关。蜕皮时幼虫停止取食，头部蜕裂线裂开，幼虫蜕出，刚刚蜕皮的幼虫呈乳白色，1～2 d 后变为黄褐色。每次蜕皮的时间间隔随虫龄和温度、营养条件的不同而不同，通常随虫龄的增加，蜕皮的时间间隔也延长。

在养殖过程中，值得注意的一件事就是黄粉虫在蜕皮时和刚刚蜕皮后的短时间内，躯体十分娇弱，抵抗外来侵袭的能力非常弱，极易受到同胞的蚕食，要注意防范和保护。

十二、化蛹习性

黄粉虫在变态历程中，有一个特点就是必须经过化蛹。黄粉虫老熟幼虫化蛹前爬行到幼虫较少的场所和食物表面，停止取食，经一段时间后蛹从幼虫表皮中蜕出，初为白色，后变为黄白色。由于化蛹期是相对静止期，且持续时间较长，很容易遭受黄粉虫幼虫和成虫的捕食，因此及时将蛹从幼虫饲养容器中拣出、把羽化的成虫及时移到成虫饲养容器中是非常重要的管理环节。

十三、天敌

黄粉虫在人工饲养过程中，易受老鼠、壁虎、蚂蚁和蚊子等的危害，其中尤以鼠害和蚊害为重。鼠和壁虎多食成虫、蛹和老龄幼虫，蚂蚁和蚊子主要食卵、初孵幼虫和蛹，螨类仅食卵。在养殖过程中要加以防范。

第三章　黄粉虫的饲养

第一节　人工养殖黄粉虫的优点

人工养殖黄粉虫的前提必须是有一定的市场需求，在技术上必须有新的突破，从而形成人工养殖的优势，根据分析，我们认为养殖黄粉虫无疑具有以下几个优势。

一、饲料来源广泛

人工饲养黄粉虫时，主要以麦麸、米糠、玉米皮、豆粕、农作物秸秆、青菜、秧蔓、酒糟等为食，每 3～5 d 仅需投喂 1 次，这些原料在农村遍地可寻，而且价格很低廉，将这些低价值甚至被视为是农村垃圾的原材料转化为黄粉虫业是一种新型的农副产品转化方式。

二、饲养成本低

除了饲料来源广泛，饲料成本低外，人工饲养黄粉虫还具有饲养用具较少，家庭用的木盒、塑料盆、木柜等都可以用来做饲养容器，这些东西既可以在市场购置，也可以自家做，成本很低，只要容器内壁光滑能防逃即可。还有一个成本低的原因就是它不需要太多的或者是专用的饲养场所，在农家屋舍里随时随地都可饲养，甚至有许多初创业者将黄粉虫饲养在床下的木箱里，也是很可行的。

三、具有业余创收的优点

养殖黄粉虫劳动强度小，操作简便，易于管理，饲养不占用白天的工作时间，利用晚间喂食即可，在城乡居民住房、阳台、墙角或简易温棚均可养殖，工薪阶层在工作之余也可以用它来创收。只要掌握正确的饲养方法，其成活率达 75%以上，根据调查，10 m^2 内立体生产每月可生产 100～150 kg。按现在养殖专业户的生产能力计算，一个三口之家的农户，用 50 m^2 左右的房屋做养殖场，1 年可收入 2 万元左右。

四、生长快、繁殖多

黄粉虫 3 个月为一个生长周期，每只雌虫可产卵数百粒，繁殖快而惊人，对温度、湿度等环境条件要求不严，在 10～35℃均可正常生长。

五、易养殖、无疫病

黄粉虫不传播疫病，养殖不需要防疫，喂养的技术含量低，养殖户不受文化程度限制，人人都能饲养成功。

六、养殖形式多样化

养殖黄粉虫既可以以公司的形式专门化养殖，也可以以农户的形式单独养殖，如果能形成产业化生产，可以采取“公司＋基地＋农户”的模式经营，也就是以农户为生产单位，组成科研、生产、加工、营销一条龙的联合公司。

七、市场需求量大

它的市场需求量首先取决于它的功能和效用，养殖黄粉虫既可以作为蛋白质能源的提供者，作为名贵珍禽、动物、特种养殖的鲜活饲料，也可以制作营养保健品，具有提高人体免疫力、抗疲劳、延缓衰老、降低血脂和抗癌等功效，同时它还是新兴的菜肴，用黄粉虫加工的“昆虫蛹菜”洁净卫生，完全无毒、无异味、不污染环境，经烘烤和煎炸后有奇香、口感好、风味独特、在国内如广州、上海等大城市已形成消费热潮，在外国如日本、韩国、英国、德国、法国等也早已成为大众普通菜肴。

总之，养殖黄粉虫市场前景诱人，是一项城乡发家致富的好门路。

八、人工饲养利用黄粉虫的模式

人工养殖利用黄粉虫的模式比较多，这里仅以养殖黄粉虫并利用它来养殖鸡为例，说明黄粉虫的综合利用模式（图 3-1）。

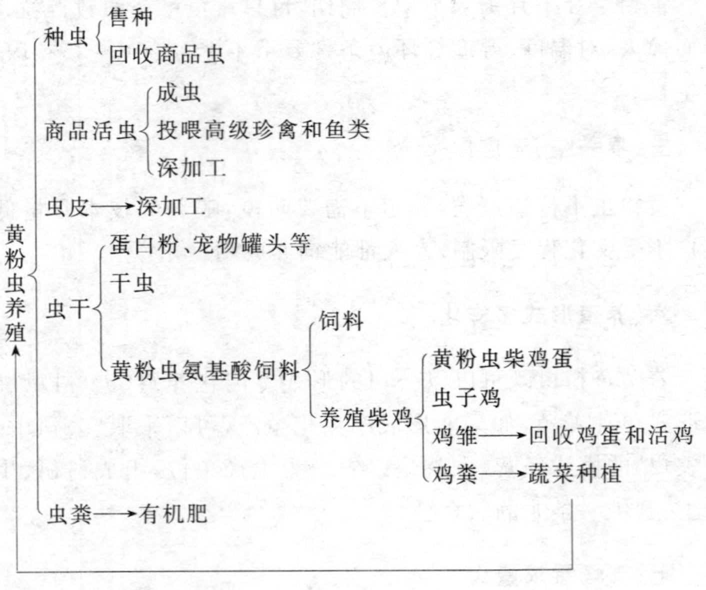

图 3-1　黄粉虫养殖利用模式及产业链式结构示意图（以虫一鸡为例）

第二节　黄粉虫的养殖方式

由于最初黄粉虫是在粮食仓库里生活、繁殖的，所以人工饲养时就要尽量模拟它的原始生活方式，故我们现在进行家庭养殖时基本上是在室内进行的。养殖场所的选择也是很有讲究的，通常选择在能够防止小鸟飞入、老鼠侵入，能有效防止光线直接照射的地方，同时也要具有通风、保温、保湿的条件，在这样的室内养殖，效果非常好。如果条件比较好的场所，可以考虑在室内安装控温设施，进行周年不间断的养殖，这样的效益会更好。

黄粉虫的养殖技术虽然简单，可在方式的选择上也不容忽视，否则会影响产量和养殖效益。根据养殖者希望达到的养殖规模、自己掌握的养殖技术、自身具备的养殖水平、自己的经济水平和承受风险的能力，可将养殖方式简单地分为混合饲养、分离饲养和工厂化养殖三大类。

一、混合饲养

混合饲养，简单地说，就是将所有的黄粉虫混合在一起饲养，这是一种比较原始的养殖方式，也是适用于在养殖规模较小、养殖技术简单、养殖水平不高、自己的经济能力又不强的情况下采用，它的优点是资金投入较少，人工投入较少，所需的养殖场所也小，对风险的承受力也相对小得多，这种管理简单、省时省工的初级饲养方式，最适于初次养殖黄粉虫的人，也适用于家庭小面积、小规模的饲养。

混合饲养的操作和管理也方便，将养殖容器选择好后，经过简单的处理达到养殖条件后即可使用，最主要的就是确保容器口略大、深度达到 40 cm 左右、内壁非常光滑。然后将黄粉虫直接放入盛有饲料的容器中，让它们在容器内自由生长、自然交配和产卵，甚至连孵化等行为都在一起进行，只是在需要黄粉虫时再将虫子从容器中取出直接使用就行了。最初一些观赏鸟尤其是百灵鸟、画眉爱好者、金鱼爱好者就是为了自己的宠物食用而主要采用的这一养殖模式。经过分析，我们也不难发现这种养殖模式也有它的弊端，一是各种虫态混合养殖在一起，不利于它们的生长发育；

二是在饲养过程中,大约有 1/2 的卵、幼虫以及蛹会被它们的同胞无情蚕食,或者会造成大量个体伤残和死亡,单位产量极低;三是饲料和粪便长期混合在一起,不卫生,会引起各种疾病的发生;四是这种养殖模式会浪费饲料,造成饲料报酬率较低。

二、分离饲养

分离饲养,简单地说,就是将各虫期的黄粉虫放入不同的容器中分开饲养,根据它们的不同特点进行专门管理,这是一种科学的养殖方式,可以有效地防止黄粉虫的自相残杀,根据饲养容器和饲养设备的不同,黄粉虫的分离饲养可以分为以下几种。

(1)箱养　用木板做成饲养箱(60 cm×40 cm×30 cm),上面钉有塑料窗纱,以防苍蝇、蚊子进入,箱中放一个与箱四周紧扣的框架,用 10 目/cm 规格的筛绢做底,用以饲养黄粉虫,框下面为接卵器,用木板做底,箱用木架多层叠起来,进行立体生产(图 3-2 至图 3-4)。

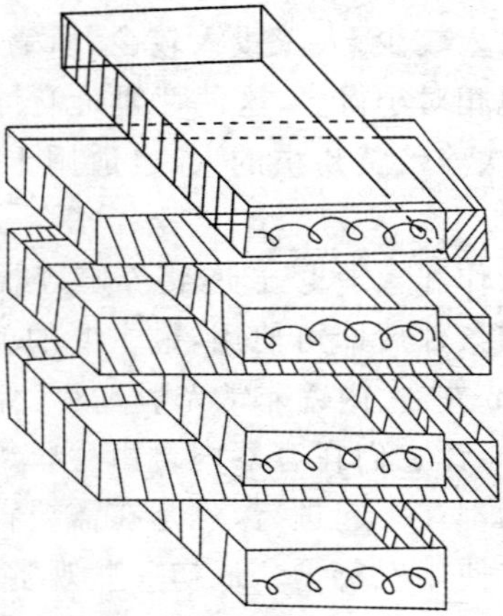

图 3-2　叠加式放置的饲养箱

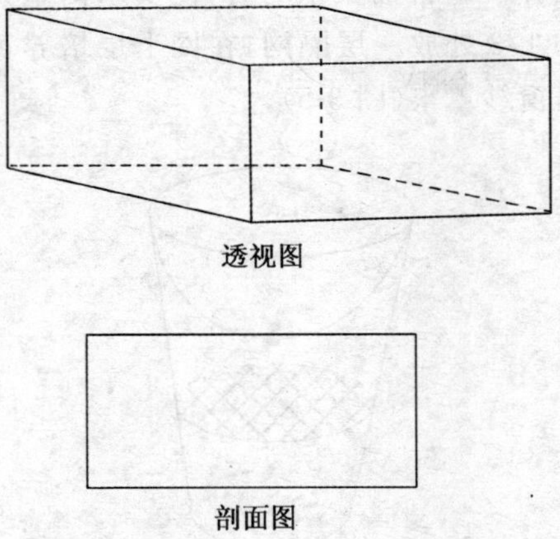

图 3-3　幼虫饲养箱

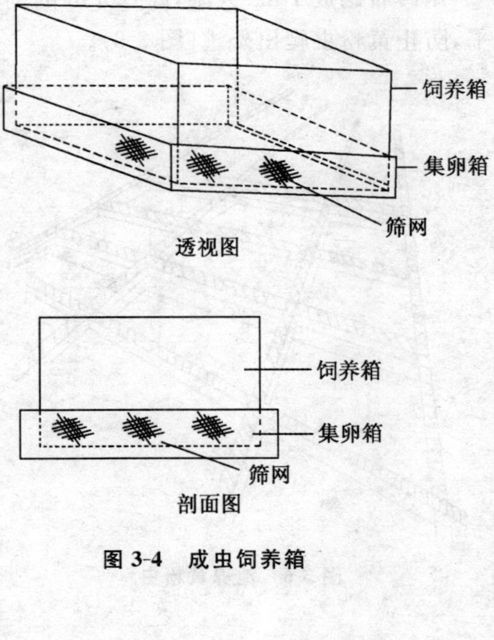

图 3-4　成虫饲养箱

(2)塑料桶养　塑料桶大小均可,但要求内壁光滑,不能破损起毛边,在桶的 1/3 处放一层隔网,在网上层培养黄粉虫,下层接虫卵,桶上加盖窗纱罩牢(图 3-5)。

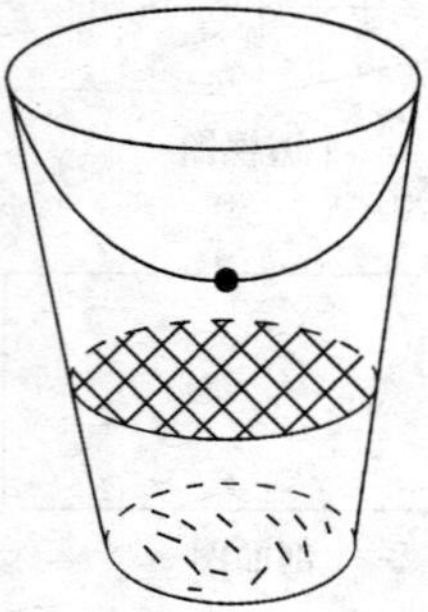

图 3-5　桶养黄粉虫

(3)池养　用砖石砌成 1 m^2 大小,高 0.3 m 的饲养池,内壁要求用水泥抹平,防止黄粉虫爬出外逃(图 3-6)。

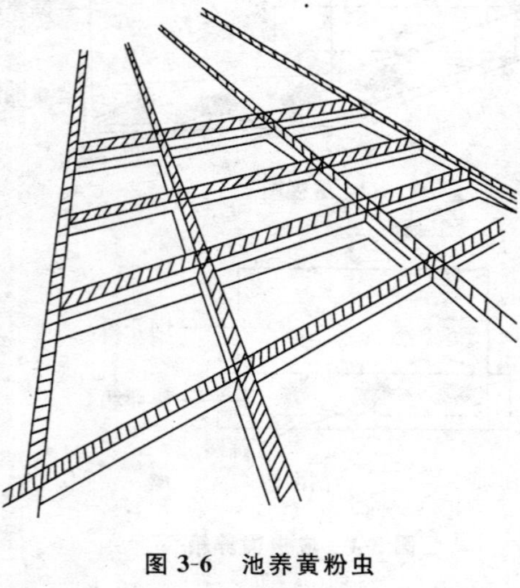

图 3-6　池养黄粉虫

(4)室养　就是直接在养虫室内进行养殖,养虫室的门窗一定要安好牢固的窗纱,防止敌害侵入,地面要用水泥抹平,保证冬暖夏凉,面积可根据自己的需要而定,一般在 12～15 m^2 就可以了。

(5)盆养　可以用内壁光滑的塑料盆、脸盆或陶瓷盆养殖。可根据不同的虫态,分别放入不同的盆中饲养(图 3-7 和图 3-8)。

图 3-7　陶盆养黄粉虫

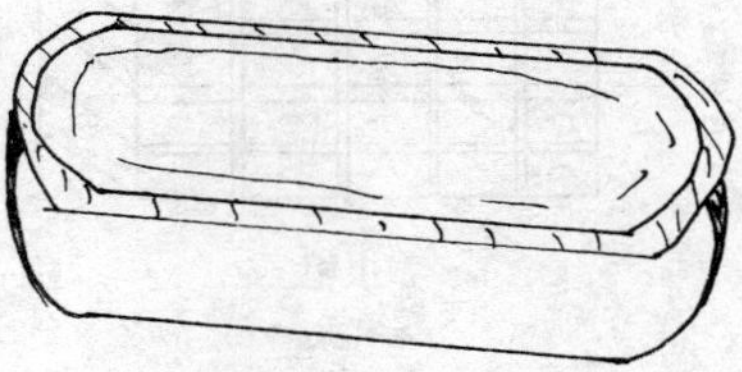

图 3-8　塑料盆养黄粉虫

(6)柜养　如果养殖场所不是很理想,如封闭性能不好、敌害较多或是为了方便叠放饲养,可以根据比例,将饲养箱适当缩小,形成一个个抽屉状的小饲养箱,直接放入柜中,形状与中药铺的药柜是一样的,可以大大缩小饲养空间,而且牢固性比较强。抽屉的大小要比柜子的间隔略小一点,以方便抽屉能顺利地抽拉,要求抽斗内壁光滑,深度在 30 cm 左右(图 3-9)。

三、工厂化饲养

这种生产方式可以大规模地提供黄粉虫作为饵料,适合黄鳝、鳖、观赏鸟类的养殖需要。工厂化养殖的方式是在室内进行,饲养室的门窗要装上窗纱,防止敌害侵入,房内安排若干排木架或铁架,每只木(铁)架分 3～4 层,每层间隔 50 cm,每层放置一个饲养槽，饲养槽的大小与木架相适应。饲养槽既可用铁皮做成，也可用木板制成，一般规格为 2 m×1 m×20 cm，在边框内壁用蜡光纸裱贴，使其光滑。防止黄粉虫爬出。

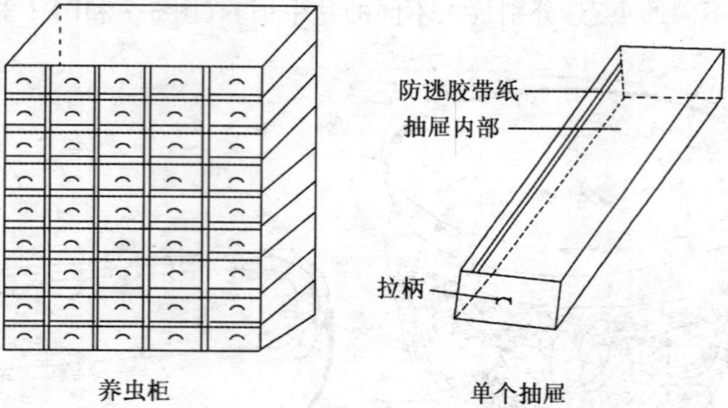

图 3-9 柜养黄粉虫

另一种工厂化养殖方式就是培养房大面积培养。通常采用立体式养殖，即在室内搭设上下多层的架子，架上放置长方形的小盘(60 cm×40 cm×15 cm)在盘内培养黄粉虫，每盘可培养幼虫 2～3 kg。

还有一种工厂化养殖方式就是柜养黄粉虫。定制专用的养虫柜，每个抽屉就相当于一个个的养虫箱，这是一种非常有效的高密度养殖方式，单位产量很高。

第三节 饲养前的准备工作

古人说得好："预则立，不预则废"，这句话用在黄粉虫的养殖上也是非常适用的，要想养殖好黄粉虫，就必须预先做好计划，做好养殖的各种准备工作，才能做到有计划、有规划地养殖。

经过调查和研究表明，养殖黄粉前要做好以下几个准备工作。

一、心理准备

也就是在决定饲养前要问问自己：决定养了吗？怎么养？风险系数是多大？对养殖的前景和失败的可能性我有多大的心理承受能力？我决定投资多少？是业余养殖还是专业养殖？等等。

二、技术准备

也就是在养殖前要做好技术储备，要多看书，多看资料，多上网，把养殖中的关键技术都了解清楚了，然后才能养殖它。有许多朋友认为养殖黄粉虫很简单，这有什么技术可言呢？不就是找个地方给它们住一住，再投点麦麸和青菜吗？但事实并非想象的这么简单。

三、销路准备

也就是说在养殖前我就要知道我养殖好的东西怎么处理？是自己养鸟用、养蝎子用还是养金鱼用？还是为其他饲料厂家配套提供蛋白质能源用？我一天打算生产幼虫多少？市场能销售多少？花鸟鱼虫市场的份额是多少？如果一时卖不了或者是价钱不满意，那我该怎么办？这些情况在养殖前也是必须要准备好的。

四、养殖设施准备

1.养殖场所的准备

养殖黄粉虫必须有场所，这个场所就是我们通常所说的饲养房，它要宽敞、通风，室内光线要暗，防止太阳照射，冬季还能取暖保温。饲养房的大小不限，一般视养殖黄粉虫的多少和个人的养殖水平而定，像废弃的厂房、仓库、大棚都行。如果是少量养殖，只要有一间空房就可以。一般情况下，20 m^2 的房间能放 300～500 个养殖箱。饲养房内部要求温度冬夏都要保持在 15～30℃，低于 5℃时，黄粉虫不进食也不生长，超过 35℃时虫体会发热烧死。湿度要保持在 50%～75%，地面不宜过湿，冬季要能取暖最好，如冬季无法取暖可自然越冬。

2. 饲料的准备

养殖黄粉虫的饲料来源虽然比较广泛，但是在养殖前就要准备好充足的饲料，生产实践已经证明，如果准备的饲料质量好，数量足，养殖的产量就高，虫体就大，质量就好，当然效益也比较好，反之亦然。对于粗养殖型的农户，饲料以准备麦麸、秸秆、菜类为主，另外可配制少量的饲料。对于规模化生产的精养型企业，则要有专用的人工配合饲料，搭配少量的粗饲料。总之要以最少的代价获得最大的报酬，这是任何养殖业的经营目的。

3. 器具的准备

(1)专用饲养设备的准备　也就是饲养盘、养殖盒和饲养架的准备，是专门养殖黄粉虫幼虫的，同时也可以作为产卵盒使用。饲养黄粉虫的木盘为抽屉状木盘，一般是长方形的，规格为 100 cm×50 cm×8 cm 左右。板厚为 1.5 cm，底部用纤维板钉好。筛盘也是长方形的，需要把它放在木盘中，规格为 75 cm×35 cm×6 cm，板厚为 1.5 cm，底部用三合板条钉好 10 目的铁筛网。制作饲养盘的木料最好是软木，而且没有异味。为了防止虫往外爬，要在饲养盘的 4 个边框内侧贴好塑料胶条或蜡光纸。饲养盘木架的数量应根据饲养量和饲养盘数的多少来制作，然后用方木将木架连接起来固定好，防止歪斜或倾倒，最后就可以按顺序把饲养盘排放上架。

(2)分离设备的准备　也叫分离筛，主要是用于卵和蛹、幼虫和蛹、成虫和卵、幼虫和虫粪以及大小不同幼虫之间的分离，它是用粗细不同的铁筛网，10 目是用作筛卵，12 目、14 目、16 目分别是用来分离不同龄段的虫子，40 目、50 目、60 目用来筛虫粪，100 目用来筛成虫。40 目中孔的筛大虫粪。60 目的小孔筛网可筛1～2龄幼虫。另外简易一点的分离用具可以用大家比较熟悉的簸箕和箩筐。

第四节　盆养技术

一、盆养特点

盆养黄粉虫是适宜家庭室内饲养的一种方式，要求的技术也不是太简单，但也不是太复杂，一般不需要专人饲养，只要合理利用业余时间就可以了。适合的生产量为每月 6～8 kg，主要是家庭养殖观赏鱼、宠物鸟所用。

二、设备准备

家庭盆养黄粉虫的设备比较简单，通常用的有脸盆、塑料盆、木盆等，要求盆无破损、内壁光滑、黄粉虫不能爬出容器为好，如果内壁不光滑的话，这时可贴一圈黄色的蜡光纸或用塑料胶条粘贴在一起，实在没有的话，可以用白纸，将白纸粘在容器内壁一圈，用手轻轻抚平即可。其他的常用设备还有筛子，主要有 40 目、60 目和 80 目 3 种。

三、虫体选择

一切准备好后，就要放入虫种了。在从外面引进虫种后，一定要经过认真的挑选，选取那些个体大的、生活能力强的虫子，在一批中要尽可能选择规格整齐、色泽鲜亮的个体。那些身体有残缺、个体较小的不要选，还有身体发黑的也不能选用。

四、放养密度

黄粉虫的饲养密度很有讲究，密度过大，不利于黄粉虫的生长发育，而且容易引起虫子相互残杀；密度过小，则不利于空间的利用，经济效益较差。根据生产实践表明，幼虫在盆中的厚度以0.8～1.0 cm为宜，最好不要超过1.2 cm，参考密度为4～6 kg/m^3，根据这种密度可以推算，一般普通脸盆可以养殖幼虫0.5～0.8 kg，洗脚盆可以养殖0.9～1.5 kg，市场上见到的椭圆形的塑料盆可以养殖2.5～3.5 kg，具体的密度要依据个人的养殖技术、养殖经验和环境条件而定，同时也与季节有一定的关系。如到了冬季时，虫子的密度可以适当增加10％左右，这样是非常有利于虫体间的活动摩擦而产生一定的热能，对于防止盆内温度降低过快大有好处；到了夏季时，虫子的密度也要相应减少10％左右，这样非常有利于散热，可以有效地防止盆内的温度过高而导致黄粉虫不适甚至死亡。

五、幼虫的管理

虫卵在室温25℃左右时，经3～5 d可孵出幼虫。将孵出的幼虫从卵纸上取下移到饲养盆里喂养，放一层经过消毒的厚2～3 mm的麦麸供其采食。幼虫经10 d左右进行第一次蜕皮，以后共要蜕皮6次左右，才成为老龄幼虫。刚蜕皮的幼虫白嫩，筛虫皮时动作要轻，避免损伤虫体。幼虫的管理中重要的就是饲料的投喂要科学，幼虫在15日龄前的消化功能尚未健全，因此不宜喂青饲料，但为了使虫体得到应有的水分，要在饲料上轻度加喷水，15日龄后可投喂青料，如嫩菜叶、水果等。随着幼虫的生长，由于各虫体因生长速度不同而导致个体大小不整齐时，为了防止相互残杀，此时要大小分群饲养，可用不同目孔的网筛分离幼虫。

六、蛹的管理

经过一段时间的喂养后，当幼虫长到50 d左右、长为2～3 cm时开始化蛹。这时要加强对蛹的护理工作，由于蛹的防御能力很弱，可以说它几乎没有什么防御能力，加上刚化蛹时的躯体相当娇嫩，因此它不能与幼虫混养，否则幼虫会咬死蛹，造成损失。预防方法很简单，就是及时把新化的蛹捡到饲养盆饲养，盆里先放一层3～5 mm厚的麦麸垫。虽然蛹期不吃不动，但它也要呼吸，进行体内的新陈代谢，所以管理上也不能放松，要放在通风、干燥、温暖的地方，经过多次试验表明，如果将蛹封闭放置，3 d后就会死亡腐烂，一般由蛹到成虫的成活率为95%以上。

七、成虫的管理

刚开始，蛹头大，尾部小，两足向下紧贴胸部，呈白色，后逐步变黄，在温度25℃左右时经过1周就可以蜕皮变成成虫，刚变好的成虫乳白色，经10 h变黄，2 d左右变黑色，完全羽化成熟的成虫，经交配产卵，繁殖第二代。

没有性成熟的成虫，虽然它们的飞行能力极弱，但由于它们的活动能力和攀爬能力较强，因此养殖盆要求的深度在30 cm以上，内壁一定要光滑，可按一般的情况进行投喂，投喂饲料的量一般是以幼虫总体重的15%左右为宜。6～9月份气温特别高，虫体内必须有足够的水分来维持正常的新陈代谢，故要多添加青饲料，这时的青菜、青草也比较多，都可以作为饲料，同时要多打开门窗通风，地面经常洒水，在饲养房内设置2个水盆等，使虫室湿度在需要的范围内，秋冬季及初春季节虫室要保温、加湿，使室内温度在25℃以上最好。

性成熟的成虫，很快就要产卵繁殖了，这时要把它们放进特制的产卵盆内，再在下面一层放进接卵用的白纸。产卵种虫需要吃营养丰富的饲料，这时可以人工配制饲料，通常可用小鸡料 90%、进口淡水鱼粉 5%、禽用骨粉 5%等制成，青饲料如菠菜、西瓜、冬瓜、南瓜、胡萝卜、山芋、菜叶等要喂足。配合饲料加适量水捏成小团，投放产卵盆的四角内，但配合饲料的水分千万要控制好，不能过多，否则含水饲料喂多了，会造成饲养盆内的湿度过大，虫子容易患病，死亡率很高。青料切成小片放置于盆内，日投喂 2～3 次，由于成虫是负趋光性昆虫，它的夜间活动量大，食量随之增加，因此傍晚投料要充足，投料量以第二天早上吃完为宜，不要新旧饲料混合，以免造成浪费，同时陈旧的饲料长期不吃会发生霉变，导致黄粉虫生病。一般每 5 d 左右，可以停食半天，当仔细观察后，如果发现虫粪中已经没有大的饲料颗粒时，底部基本上是均匀的、细小的虫粪颗粒，此时可以用 40 目或 60 目的筛子将虫粪筛出，然后继续投喂，有的生产量小的养殖户每天都筛，也是可以的，但是工作量会加大，5 d 左右筛一次即可。

黄粉虫的交配产卵过程，这里不再赘述，交配后的雄虫容易死亡，要及时清理出死虫体，防止腐烂发臭，传染疾病。

第五节　箱养技术

箱养是黄粉虫养殖最常用的方法，它具有以下的优点：一是适应范围广，可以适合中、大型规模的养殖；二是操作方便，尤其是在换箱、清粪、分离时很方便；三是木箱较为轻巧，搬动方便，可一层层叠放，通过叠加的方式来充分利用空间，可以提高空间的利用率，减少占地面积，相对增加单位体积的产量，因此许多养殖户进行大规模饲养黄粉虫时，就根据需要做一定数量的木箱，在室内架起，进行立体饲养；四是取材方便，用农村常见的木材就可以制作，如果是用塑料箱，市场上可以很方便地买到；五是养殖产量高，根据养殖户的经验表明，1 m^2 的虫箱可以养殖 3～5 kg 的黄粉虫，每养 500 g 黄粉虫需 1.5 kg 左右的麦麸，在不影响工作的正常情况下，1 个人利用业余时间可以养 15 m^2 左右的黄粉虫。按每条成虫繁殖 2 000 条计算，一年可繁殖 4 代左右，那么一年产 200 kg 左右的黄粉虫，这样的产量还是相当惊人的；六是技术易掌握，一旦正确掌握了箱养黄粉虫的技巧，黄粉虫的繁殖量和养殖产量会大大增加，经济效益会显著提高。因此现在大部分养殖户都使用这种箱养技术。

一、设备准备

箱养黄粉虫的养殖设备主要是养虫箱，这是养殖的基础，还有就是供繁殖用的集卵箱，当然用于分离虫粪的筛子或箩筐也是不可或缺的。

1. 木质养虫箱

目前在农村采用箱养黄粉虫技术的养殖户，大多数都采用木质养虫箱，这是因为在农村用木箱的成本会很低，降低养殖风险。这种养虫箱是用木质板材制作的，这些板材可以是实木板、密度板、胶合板或者是其他板材，最好是用实木板，当然在制作家具或砌房造屋时，那些边框下脚料也是不错的选择，既利用了那些边料、减少浪费，又可以通过养殖黄粉虫来取得一定的经济收入。因黄粉虫惧怕明水，用塑料盆养虫时，饲料水分稍大一些，盆底就会出现明水，对虫子有害，与塑料盆相比，木盒有一定的吸潮作用，即使饲料湿度大一些，对黄粉虫也不会造成危害。当然用木质养虫箱也有它的缺点，主要是箱体的重量较大，在周转操作时劳动强度较大。

木质养虫箱一般是以卯榫制作，也可以用钉钉上，但一定要注意，用铁钉钉上时，要注意不能让钉子露出边框。边框用 1 cm 厚的木板，长度则要根据实际情况而定，一般长与宽的比例为 2∶1，底部用三合板或纤维板，当然农村的木料较多的话，也可以用木板。养虫箱要求深 25 cm 左右，内侧光滑，以防虫子逃跑。通常是将箱侧板的内侧用砂纸打磨光滑，然后用 5 cm 宽的胶带纸或蜡光纸贴上一圈，用手轻轻压平，可以有效地防止虫子外逃和产卵不定位，也可以用塑料薄膜钉好。

2. 塑料养虫箱

塑料养虫箱的来源主要有 2 种：一种是直接从市场上购买，以长方形为宜，长与宽的比例为 2∶1，深为 20 cm 左右，有时市场上没有合适的长方形箱，用正方形的也可以；另一种是自己设计尺寸，然后到塑料生产厂家定做，这样的话，能够做到箱子的量足，而且合乎标准，适用于规模化养殖。塑料箱的优点是来源方便，本身较轻，好操作，缺点就是它的底部不像木质箱子能吸收过多的水分，塑料箱子的底部容易积水，当养殖环境的湿度过大时或投喂的青饲料过多时，往往会发现有部分水积在塑料盆底，从而造成底部的黄粉虫死亡。

3. 集卵箱

集卵箱就是为了收集成虫所产的卵而准备的特制箱子，实际上它并不是一个箱子，而是由一个养虫箱和一个卵筛共同组成，卵筛的外径规格比养虫箱小一号，根据我们的生产实践，一般可以小 10% 左右，这样的目的是为了方便卵筛装入养虫箱和从箱中轻松取出卵筛。集卵箱一般是特别制作的，常用木材制作，内侧要求光滑，处理方法同前面的木质养虫箱，深度和养虫箱一样的，卵筛底部要钉上铁窗纱，使卵能漏下去。

使用集卵箱的目的有 3 个：第一是为了减少成虫对卵的蚕食而造成损失；第二是为了减少饲料、虫粪对卵的污染，避免造成卵的发育不良；第三是为了方便收取卵箱或接卵纸。

集卵箱的使用方法也很简单，先在养虫箱底部铺上一张洁净的报纸，便于收集卵，然后在报纸上均匀地铺设一层 3～5 mm 厚的麦麸作为集卵饲料，接着将经过选择可用于繁殖的成虫放在卵筛中，最后将卵筛放入养虫箱内就可以了。当到了产卵的时候，雌性黄粉虫会将产卵器伸到卵筛的纱网下面，将已经受精的卵产在卵筛下面的集卵饲料中，最后通过分离卵与饲料就可以得到比较纯净的卵纸了，再将卵纸上的卵进行孵化就可以繁殖下一代了。

4. 筛网

筛网就是为了筛选和分离用的，主要是用于筛除虫粪和虫体、不同大小的幼虫个体、卵和饲料等。筛网的结构可以是圆形的，也可以长方形的，从方便操作的角度来看，最好使用圆形的筛网，为了防止黄粉虫顺着筛网爬走，筛网的四周也要保持光滑，可用硬质塑料薄膜贴一圈，筛网的高度以 35～45 cm 为宜，使用筛网时要小心一点，动作不能太大，以免造成撞击导致虫体破损。

筛网的网目可以多备几种，既要能满足分离不同个体用，也要能满足分离虫卵用，通常用的筛网网目有 120 目、100 目、80 目、60 目、40 目、30 目、10 目和普通铁窗纱或塑料窗纱等几种。一般是 1 龄的幼虫用 100 目筛子除粪，2 龄的幼虫用 60 目的筛子，3 龄以上幼虫用 40 目筛网，10 目的筛网可用来分离幼虫及蛹，其他目的网当然也各有用途了。

筛网的使用时机：一是连续投喂了 5 d 左右后，当虫子将养虫箱内的饲料吃完时，用筛网筛走虫粪；二是当饲养了一段时间后，黄粉虫的密度较大而且个体生长出现了明显的差异时，这时为了防止弱肉强食的惨剧发生，要及时用筛网将大小不同的个体分离；三是在收集到卵后，要及时将饲料从卵中分离出去，这时也要用到筛网；四是分离蛹和幼虫时，也要用到筛网。总之筛网是非常重要的辅助养殖用具，一定要准备好。

5. 养虫箱架

箱养黄粉虫时，不可能是一两个箱子，当箱子多了的时候，就有个叠放的问题，在实际操作中，箱子的叠放方式很多，有交叉式叠放、层递式叠放、放在架子上叠放，但是如果叠放不好的话，就容易造成翻倒，给养殖造成一定的麻烦，尤其是塑料养虫箱，它的周身比较光滑，很难上下放好，所以就要用到养虫箱架。

养虫箱架的大小、材料、样式和规格都不是固定的，是养殖户根据自己的具体情况自行设计的，总的要求是能放稳、占地少、充分利用空间、方便操作。养虫箱一定要用规格整齐的箱架，这样便于管理，主要是便于用报纸或窗帘遮挡光线或便于冬季保暖。

在规模化养殖时一定要使用养虫箱架，这是提高生产效益和有效利用空间的主要措施之一。箱架一般也是木制的，当然也可以用铁制的，毕竟铁制的更加牢固，但是因为铁制的太沉重，搬运极不方便，所以目前大部分养虫箱架都是木制的。箱架间距一般比养虫箱宽 5 cm 左右即可，长度和养虫箱的长度一样就可以了，可以像超市里的货架一样分层摆放，这样会更加整齐、美观、稳定，也方便操作。

也有的养殖户并没有采用箱架，那么不同的箱子是如何叠放的呢？在生产实践中，一些养殖户是将相同结构的箱子上下重叠放置，这样的话，在冬季有助于保温，但不利于氧气的供给，到了夏季也不利于通风散热，会造成黄粉虫死亡。于是有的养殖户就做了略为科学的改造，就是在 2 个养虫箱之间用 2 根木条支撑，这样既可以达到相互叠放的目的，又可以有通风散热的作用，木条的长度要比木箱长一些，宽和厚一般为 5 cm 左右就可以了。值得注意的有 2 点：一是这种方法适用于箱子叠放层次不多的情况使用，二是在通风良好的情况下使用，而且更适用于木箱。

二、虫体的选择

箱养黄粉虫虫体的选择方法和盆养方法是一样的，总的要求是选择优质虫种，生长性能不好和伤残的都不能要。

三、放养密度

根据生产实践表明，幼虫在饲养箱中的厚度以 1.2 cm 为宜，不能超过 1.8 cm，以免发热。参考密度为 5～8 kg/m^3，根据这种密度可以推算，一个养虫箱可以养殖幼虫 0.7～1.0 kg，具体的密度要依据个人的养殖技术、养殖经验和环境条件而定，同时也与季节有一定的关系，如冬季虫子的密度可以适当增加 10%左右，而夏季虫子的密度也要相应地减少 10%左右。

根据测算，黄粉虫的养殖密度可以用具体数字表示出来，现将不同时期黄粉虫幼虫的个体列出来，养殖户可以根据这个数字大概测算出养殖数量或鉴定一下养殖密度是否合适，以 500 g 的黄粉虫个体数量计算，刚刚出壳的幼虫约 50 万条、1～2 龄幼虫约有 30 万条、3 龄虫约有 15 万条、4 龄虫约有 6 万条、5 龄虫约有 3 万条、6 龄虫约有 1 万条、7 龄虫约有 8 000 条、8 龄虫约有 5 000 条。

四、幼虫的管理

幼虫的饲养是指从孵化出幼虫至幼虫化为蛹这段时间的饲养，这个过程是我们养殖生产的关键，因为这个时期虫体的增重倍数大，而且虫体也是我们最希望得到的成果。

在卵孵化前先进行筛卵，以取得相对纯净的卵，筛卵时首先用筛网将箱中的饲料及其他碎屑筛下，然后将卵纸放进孵化箱中进行孵化。孵化箱与产卵箱的规格相同，但箱底放置木板，这样一个孵化箱可孵化 1～3 个卵箱筛的卵纸，值得注意的是，所有的卵纸不能堆放在一起，否则会使小幼虫死亡，科学的放置方法是要将不同的卵纸分层堆放，层间用几根小木条隔开，以保持良好的通风。然后在卵上盖一层青菜叶，以保持适合的湿度。这样虫卵在孵化箱中，保持室温 25℃左右时，经 3～5 d 可孵出幼虫。将孵出的幼虫从卵纸上取下移到饲养箱里喂养，放一层经过消毒的厚

2～3 mm 的麦麸供其采食。如果孵化箱比较充足的话，可以将幼虫留在原箱中饲养，在 3 龄前不需要添加混合饲料，原来的饲料已够食用，但要经常放菜叶，让幼虫在菜叶底下栖息、取食。

当箱中饲料吃完后，进行过筛，筛出虫粪，幼虫仍放回箱内饲养，并添加 3 倍于虫体重的混合饲料，可以麦麸为主。饲养实践表明，一般投喂 2.5 kg 麦麸可收黄粉虫 1 kg。虫体长至 4～6 龄时，可用于喂养蝎子等动物。用来留种的幼虫则继续饲养，到 6 龄时因幼虫群体体积增大，应进行分群饲养，幼虫继续蜕皮生长。幼虫经 10 d 左右进行第一次蜕皮，以后共要蜕皮 6 次左右，才成为老龄幼虫。

幼虫的管理中很重要的就是饲料的投喂要科学，幼虫在 15 日龄前的消化功能尚未健全，因此不宜喂青料，但为了使虫体得到应有的水分，要在饲料上轻度加喷水，15 日龄后可投喂青饲料，如嫩菜叶、水果等。随着幼虫的生长，由于各虫体因生长速度不同而导致个体大小不整齐时，为了防止相互残杀，此时要大小分群饲养，可用不同目孔的网筛分离幼虫。

因季节不同，管理方法也不同，如夏天气温高，幼虫生长旺盛，虫体内需要足够的水，故必须多加含水分多的青饲料。有时还要通风降温，冬季虫体含水量少，必须减少青饲料。应注意的是，幼虫不能大小相混，基本上同龄的幼虫应在一起饲养，使投食方便。如果刚孵化出的幼虫则需补充营养物质，老幼虫则不需要。

当然，如果是将黄粉虫的幼虫当作饲料，直接用来投喂蝎子、观赏鱼时，可把卵纸放在脸盆中孵化出幼虫，在盆中饲养幼虫除了提供足够的饲料外，主要是做好饲料保湿工作，湿度控制在含水量 15％，当幼虫生长至 3～4 龄时，可把幼虫筛出投喂蝎子等动物。

还有一个日常工作就是要及时筛掉幼虫的蜕皮壳和粪粒，便于及时添加饲料。

五、蛹的管理

经过一段时间的喂养后，当老熟幼虫长到50 d左右，长为2～3 cm时开始化蛹。老龄幼虫在化蛹前四处扩散，寻找适宜的场所化蛹，应将它放在产卵箱中，防止逃走。要加强对蛹的护理工作，由于蛹的防御能力很弱，可以说它几乎没有什么防御能力，加上刚化蛹时的躯体相当娇嫩，因此它不能与幼虫混养，否则幼虫会咬死蛹，造成损失。预防方法很简单，就是及时把新化的蛹拣到饲养箱中饲养，箱里先放一层3～5 mm厚的麦麸垫。化蛹初期和中期，每天要捡蛹1～2次，把蛹取出，放在羽化箱中，避免被幼虫咬伤。虽然蛹期不吃不动，但它也要呼吸，进行体内的新陈代谢，所以管理上也不能放松，要把它放在通风、干燥、温暖的地方，经过多次试验表明，如果将蛹封闭放置，3 d后就会死亡腐烂，一般由蛹到成虫的成活率为95％以上。

六、成虫的管理

刚开始，蛹头大，尾部小，两足向下紧贴胸部，呈白色，后逐步变黄，在温度25℃左右时，经过1周就可以蜕皮变成成虫，刚变好的成虫乳白色，经10 h变黄，2 d左右变黑色，完全羽化成熟的成虫，经交配产卵，繁殖第二代。刚孵化的成虫，虫体娇嫩，抵抗力差，不能吃水分过多的青饲料，而其他成虫则无所谓。

没有性成熟的成虫，虽然它们的飞行能力极弱，但由于它们的活动能力和攀爬能力较强，因此养殖盆要求的深度在30 cm以上，内壁一定要光滑，可按一般的情况进行投喂，投喂饲料的量一般是以成虫总体重的15％左右为宜。6～9月份气温特别高，虫体内必须有足够的水分来维持正常的新陈代谢，故要多添加青饲料，这时的青菜、青草也比较多，都可以作为饲料，同时要多打开门窗通风，地面经常洒水，在饲养房内设置2个水盆等，使虫室湿度在需要的范围内，秋冬季及初春季节虫室要保温、加湿，使室内温度在 25℃以上最好。

成虫饲养的任务是使成虫产下大量的虫卵。性成熟的成虫，很快就要产卵繁殖了，这时要在虫体体色变成黑褐色之前把它们放进特制的产卵箱中饲养，再在下面一层放上接卵用的白纸。成虫产卵箱的规格为 60 cm×40 cm×15 cm 的木箱，底部钉上网孔为 2～3 mm 的铁丝网，网孔不能过大，否则成虫容易掉下逃走，但也不能太小，不然箱内的杂物筛不下来。箱内侧四边镶以白铁皮或玻璃或硬质塑料薄膜，也可用透明胶条粘贴一圈，防止虫子逃跑。

投放雌雄成虫的比例为 1∶1。在投放成虫前，先在箱底下垫一块木板，木板上铺一张纸，让卵产在纸上。箱内铺上一层 1 cm 厚的饲料，这样才能使成虫把卵产在纸上而不至于产在饲料中。在饲料上铺一层干鲜桑叶或其他豆科植物的叶片，使成虫分散地隐蔽在叶子下面，并保持较稳定的温度。然后再按照温度和湿度盖上白菜，如果温度高、湿度低时多盖一些，蔬菜主要是提供水分和增加维生素，随吃随加，不可过量，以免湿度过大，菜叶腐烂，致使成虫生病，降低产卵量。

成虫在生长期间不断进食、产卵，所以每天要投料 1～2 次，将饲料撒到叶面上供其自由取食。对于产卵种虫而言，更需要吃营养丰富的饲料，这时可以人工配制饲料，通常可用小鸡料 90%、进口淡水鱼粉 5%、禽用骨粉 5%等制成，青饲料如菠菜、西瓜、冬瓜、南瓜、胡萝卜、山芋、菜叶等要喂足。配合饲料加适量水捏成小团，投放产卵盆的四角内，但配合饲料的水分千万要控制好，不能过多，否则含水饲料喂多了，会造成饲养盆内的湿度过大，虫子容易患病，死亡率很高。青料切成小片放置于盆内，日投喂 2～3 次，由于成虫是负趋光性昆虫，它的夜间活动量大，食量随之增加，因此傍晚投料要充足，投料量以第二天早上吃完为宜，不要新旧饲料混合，以免造成浪费，同时陈旧的饲料长期不吃会发生霉变，导致黄粉虫生病。一般每 5 d 左右，可以停食半天，当仔细观察后，如果发现虫粪中已经没有大的饲料颗粒时，底部基本上是均匀的、细小的虫粪颗粒，此时可以用 40 目或 60 目的筛子将虫粪筛出，然后继续投喂，有的生产量小的养殖户每天都筛，也是可以的，但是工作量会加大，5 d 左右筛一次即可。

成虫产卵时多钻到纸上或纸和网之间的底部，伸出产卵器穿过铁丝网孔，将卵产在纸上或纸与网之间的饲料中，这样可以防止成虫把卵吃掉，约每隔 2 d 取出产卵纸，换上新的白纸。将收到的同期卵放进饲养盒使其孵化，这样，虫生长整齐、减少自残、便于管理。

黄粉虫成虫连续产卵 3 个月后，雌虫会逐渐因衰老而死亡，未死亡的雌虫产卵量也显著下降，因而饲养 3 个月后就要把成虫全部淘汰，以免浪费饲料和占用产卵箱，提高生产效益。而交配后的雄虫容易死亡，要及时清理出死虫体，防止腐烂发臭，招来病菌，传染疾病。

第六节　水泥池养殖技术

水泥池养殖黄粉虫也是一种高密度精细养殖技术，在农村也常见。

一、水泥池的要求

水泥池最好修建在室内，具有防老鼠、壁虎、蚂蚁、野鸟的作用，同时要防止阳光直射，尽可能保持室内黑暗，为了保证夏季能快速散热，要求有一定的通风系统。

水泥池养殖的一个重要特点就是一旦养殖后，就不方便轻易地搬来搬去，因此要求水泥池的温控系统良好，夏季要能控制在

33℃以下，根据生产安排，冬季如果需要连续繁殖生产时，就要求水泥池的温度保持在15℃以上，最好能达到20℃以上，为了达到最好的养殖效果和保温性能，建议北方从9月下旬就开始加温，南方从11月份开始加温。如果不需要继续生产，可让其以幼虫的形态自由越冬，但要确保池内的整体温度不能太低，最好不要低于−5℃，以保证越冬的幼虫不至于被冻死，造成损失。

二、水泥池的修建

水泥池多数为正方形或长方形的，正方形池较易于管理，但长方形池可有利于提高黄粉虫的养殖产量，也有一些养殖户使用圆形水泥池，总之只要适用就可以了。如果是多个水泥饲养池串联或并联，则水泥饲养池的形状最好是长方形的。一般要求面积为15～35 m^2，池深为30～60 cm，便于喂饵、观察，每天也要有2 h左右的光照。

在室内修建水泥池时，应该考虑到水泥池的通风和照明。水泥池的形状、尺寸可根据需要而定。池子可建成地上式或半地上式，池底的设计要有利于集中排污，从保温的角度出发，我们建议采用半地上式的修建模式。

在修建时，先用砖砌成池子，再用水泥作护面。为了防止水泥池漏水或渗水，作为护面的水泥一般要涂抹4层。池内墙壁要用水泥抹平，要保持光滑，池面尽量宽阔，不宜采用凹凸不平的石头，以免收集黄粉虫不方便，也为了防止黄粉虫逃逸，当然池边如果有反檐等防逃设备那就更好了。

新修建好的水泥池，5 d水泥凝固，但是不能马上使用。因为水泥中含有相当数量的碱性盐类，所以在使用前要注意洗除强碱性物质，通常称为去碱，经试验无毒后才能放养黄粉虫。去碱的方法通常可用4种：第一种方法是在新池注满水后，每1 m^2面积水泥池加入约50 g冰醋酸均匀混合，24 h后排出；再重复1次，3～5 d

后排走，最后再放清水浸泡 2～3 遍后即可。第二种方法是用 1 000 mg/kg 过磷酸钙溶入水中浸泡 1～2 d，洗涮水池表面，中和碱性，然后注满水浸泡数天，再用清水冲洗 1～2 遍后即可。第三种方法就是用硫代硫酸钠去除水泥中的硅酸盐，然后用漂白粉消毒，最后用清水漂洗即可。第四种方法最简单，但效果相对较差，就是用清水把水泥池浸泡冲洗 1～2 周后再排干，经日光曝晒 2 d 后，再用清水洗 2 遍就可以了。

三、水泥池的保温越冬

养殖场的保温对持续性生产非常重要，如果加温、保温适当，每年可延长黄粉虫繁殖 3～4 代。目前水泥池在越冬保温方面的方法主要有以下 2 种。

一是用人工煤、电加热保温的方法，虽然可以造成黄粉虫越冬的小环境，但一般投资较大，耗费大量能源，故成本很高。

二是将水泥池建造在玻璃暖房内，暖房内多见的是砖砌的、水泥抹面养殖池，也有阶梯式养殖池，可以充分利用玻璃暖房空间。玻璃暖房四壁要求北高南低，暖房顶部的玻璃向南倾斜，有利于采光，密封室暖房一侧开小门，另一侧设通气孔。暖房普遍用立式小锅炉加温，有利于管道注入蒸气提高水温，也有依靠锅炉提高温度的办法。玻璃暖房顶上加盖稻草帘。寒潮时还须盖上塑料薄膜，天晴回暖，打开薄膜草帘，让阳光透进房内。

四、水泥池的养殖技术

黄粉虫生长适温为 25～35℃，室内空气湿度以 65％左右为宜。在长江以南一带一年四季均可养殖，在特别干燥的情况下，黄粉虫尤其是成虫有相互蚕食的习性。

饲养前，首先要在水泥池内放入经纱网筛选过的细麸皮和其他饲料，再将黄粉虫的幼虫放入，幼虫密度以布满池底、最多不超过 3 cm 厚为宜。最后上面盖上菜叶，让虫子生活在麸皮、菜叶之间，任其自由采食。虫料比例（虫子：麸皮：菜叶）是 1：1：1，刚孵化后的幼虫以多投玉米面、麸皮为主，随着个体的生长，增加饲料的多样性。每隔 1 周左右，换上新鲜饲料并及时添补麸皮、米糠、饼粉、玉米面、胡萝卜片、青菜叶等饲料，也可添加适量的鱼粉。每 10 d 左右清理 1 次粪便。

在水泥池里饲养的黄粉虫幼虫要蜕皮 15～17 次，每蜕皮 1 次就长大一点，当幼虫长到体长 2 cm 时，便可用来投喂动物，当幼虫继续生长到体长 3 cm 时，颜色由黄褐色变淡，且食量减少，这是老熟幼虫的后期阶段，会很快进入化蛹阶段。这时要及时将蛹从幼虫中拣出来集中管理，蛹期要调整好温度与湿度，以免发生霉变。蛹经 7～9 d，就可以羽化成为成虫，成虫活 30～60 d。

在饲养的过程中，孵化的卵以及幼虫、蛹、成虫要分开饲养。当大龄幼虫停止采食时，要拣出来放于另一水泥经池中里，使其产卵，经 1～2 个月的养殖，便进入产卵旺期，此时接卵纸要勤于更换，每 5～7 d 换 1 次，每次将更换收集的卵粒分别放在孵化箱中集中孵化。

第七节　大棚养殖技术

塑料大棚在农业上的应用已经十分广泛，而且技术十分成熟，尤其是在种植业上更是相当发达。在养殖业上也常有应用，利用塑料大棚进行黄粉虫的养殖也是可行的，根据生产实践，通常采用半地下式塑料大棚养殖黄粉虫（图 3-10）。

一、大棚养殖黄粉虫的优点

首先是大棚的投资相对较小，仅需要棚体支撑和塑料薄膜，利用得好，也可以重复利用和长期利用。

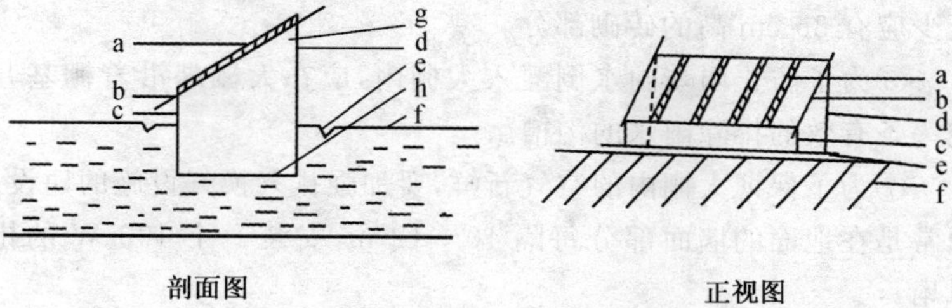

图 3-10　半地下式塑料大棚示意图

a. 草帘　b. 双层塑料薄膜　c. 地面墙体（矮端）　d. 地面墙体（高端）　e. 排水沟　f. 地平面　g. 大棚内部　h. 大棚内部的地面

其次是棚址选用灵活，可以因地制宜地发展黄粉虫的养殖。

再次是温控性能好，冬季白天可以利用塑料薄膜吸收太阳能、晚上利用薄膜封闭大棚，达到保温的效果，在夏季也可以利用半地下式的优势来及时降低温度，可以说，大棚养殖黄粉虫的温控成本很低。

最后就是大棚的面积和长度可以灵活掌握，根据各位养殖户的技术条件、生产成本和市场情况而定。

二、大棚建设的关键问题

在利用半地下式大棚养殖黄粉虫时一定要注意把握以下几个关键问题，这些问题可以说直接影响到养殖黄粉虫的产量和成功与否。

①场地的选择要科学，不是什么地方都可以挖个沟槽，盖上塑料薄膜就能养殖黄粉虫的，由于养殖黄粉虫对湿度有一定的要求，因此在选择棚址时一定要避开低洼易积水的地面。

②大棚要方便照管，主要是要有电能供应、道路通畅。

③所选的场地要相对空旷开阔，气流要通畅。

④要远离污染场所，如附近不能有化工厂和农药厂。

⑤要有防止鼠害和蚂蚁的设施，通常是在地平面墙围基础上

至少应有 35 cm 高的砖砌部分。

⑥为了防止雨季雨水倒灌入大棚内，应在大棚外沿着棚基开挖一条有效的排除雨水的沟槽。

⑦为了保证大棚内的空气新鲜，要加强排气换气设施的建设，通常是在地面的墙面部分每隔 10～12 m，安装一个 100 W 的排风扇。

⑧在夏季，如果温度过高时，白天可以在大棚顶部加盖黑色的遮阳网来降温，也可以用草帘铺在棚顶，然后在顶部浇水或用水冲洗大棚来达到降温的目的。而在冬季则是为了加温保温，此时可在白天掀开草帘，让大棚接受光照，而在晚上则覆盖上草帘来保温。根据实践经验，这种半地下式的塑料大棚保温性能是相当好的，冬季可以比普通房间温度升高 5～10℃，完全能达到黄粉虫幼虫越冬的需要，如果还要让它继续繁殖、连续生产的话，可以通过人工加温的措施来达到目的。

三、大棚的建造

首先是开挖棚体，在选好的地址上开挖长、宽、深合适的沟槽，由于冬季阳光斜射入棚，所以塑料大棚要南北延长。挖好沟后要进行科学处理，将池底整理平坦，无淤泥，夯实成硬质底，池深 0.8～1 m，在底部放些瓦片、竹枝供黄粉虫隐蔽。通常是根据生产需要，沟槽是建设成土池还是水泥池，这并无大碍，关键是要经过测算后哪种更划算，建设成水泥池的话，可以说是一次性投入，多年利用，而且很牢固。如果是建成土池，建议在放养黄粉虫前还是用一层硬质塑料薄膜将沟槽的底部和两边围起来，这样，一方面可以防止积水渗漏，另一方面也方便将来的操作管理，而且投入也不多。大棚四周堤坎都需高出地平面 15～25 cm，以防雨水流进池内。

其次是架设大棚，在沟槽上用竹木、水泥制品或铁管等材料做支柱和拱架来搭设棚架，使整个大棚呈“△”形或“人”字形棚架，棚架上盖两层塑料薄膜，覆盖材料为聚氯乙烯薄膜或聚乙烯软质薄膜，薄膜与地面相连接的四周用泥封闭，以维持养殖池的温度。为了保持棚内温度，墙和顶部都是用薄膜覆盖。在建大棚时还要注意的一点就是应尽量降低空间高度，只要不影响操作就可以，一般为 1.5 m 左右，这样可减少空间，尽量使热量少损失。

在选用薄膜时也要注意选择，聚氯乙烯薄膜重量轻，透光性能好，保温性强，热传导率低，抗张力大，故使用寿命长。目前农用薄膜使用寿命可达 2～4 年。聚乙烯薄膜透光性更好，但其保温性、抗张力、伸长率都较差，拉长后不能复原，容易硬化；在使用时，它不会散发出有害气体。虽然两者都可使用，但建议养殖户用聚氯乙烯薄膜为佳。

再次是温度控制，在外界温度较低时，应注意做好塑料大棚的保温工作，在有条件的地方，棚内可放置家用取暖炉，但必须配备烟道，越冬期间，遇天气晴朗暖和的日子，待日出后可将南端薄膜掀开 2～3 m^2 以调节交换空气，使阳光直射大棚表层，从而提高温度，日落后仍将薄膜盖严，并在棚顶的塑料薄膜上加盖草帘。也可以在塑料大棚内用电热器进行加温，一般在面积 4～5 m^2 的大棚越冬池中，安装 1 只 0.5～1.0 kW 的电热器，并采用控温措施。在夏季要将两端的塑料薄膜全部打开，以利于空气对流，从而达到降温和保持空气新鲜的作用，在酷热的正午，而将大棚上方用黑色遮阳网挡好。

四、黄粉虫的养殖

放养前，棚内池子应用生石灰和漂白粉进行彻底的消毒，以杀灭池中的病原体，然后再放养黄粉虫。放养黄粉虫前一定要对黄粉虫进行认真仔细的挑选，选取那些个体大的、生活能力强的虫子，在一批中要尽可能选择规格整齐、色泽鲜亮的个体。那些身体有残缺、个体较小、身体发黑的虫子要坚决剔除掉。

大棚养殖黄粉虫的密度也有讲究，根据生产实践表明，幼虫在棚中的厚度以 1.5～2 cm 为宜，最好不要超过 2.5 cm，具体的密度要依据个人的养殖技术、养殖经验和环境条件而定，当然，到了冬季时，虫子的密度可以增加 10%左右，夏季的密度则可以减少 10%左右。

将孵出的幼虫从卵纸上取下移到大棚里喂养，放一层经过消毒的厚 2～3 mm 的麦麸供其采食。幼虫须经不断地蜕皮才能生长，刚蜕皮的幼虫白嫩，在日常管理和检查时一定要小心，注意不能损伤虫体。随着幼虫的生长，会出现个体大小不整齐的现象，此时要及时进行大小分群饲养，可用不同目孔的网筛分离幼虫。

当幼虫长到 2～3 cm 时开始化蛹。蛹的躯体相当娇嫩，而且抵御能力极差，因此要及时把新化的蛹捡到另外的箱中进行专门饲养，饲养箱要放在通风、干燥、温暖的地方。

蛹在温度 25℃左右时，经过 1 周就可以蜕皮变成成虫，成虫的饲料投喂量一般是以总体重的 15%左右为宜。在夏季气温特别高时，虫体内必须有足够的水分，来保持正常的新陈代谢，故要多添加青饲料，如青菜、青草都可以作为饲料，同时要打开薄膜通风，秋冬季到初春大棚内要保温、加湿，使室内温度在 10℃以上。

成虫的产卵与孵化与其他养殖方式是相同的，值得注意的是，交配后的雄虫容易死亡，要及时清理出死虫体，防止腐烂发臭，传染疾病。

第八节　规模化养殖技术

黄粉虫虽然身价不凡，但规模化饲养却能取得较好的效益，总地来说，只要掌握规模化生产的技术要领，养殖它也是比较简单的，而且饲料来源广、用工少，只要容器内壁光滑能防逃即可，一般情况下，一人可管理几十平方米甚至上百平方米的养殖面积，也可以立体生产。具有投入成本低、经济效益高的优点，平均每1.25 kg的麦麸，加上一点青菜就可以养殖0.5 kg的黄粉虫；一般在10 m^2 的房间内进行立体养殖，每月可生产出成虫200～400 kg。饲养黄粉虫不受地区、气候条件的限制（即使在－10℃也不会冻死），黄粉虫无臭味，也无其他异味，可以在居室角落里养殖，实践证明，只要掌握正确的饲养方法，其成活率可达95%。

一、规模化养殖的基本理念

规模化养殖是一个相对的概念，通常分为家庭小规模养殖和工厂化大规模养殖2种，规模化养殖是黄粉虫养殖从量到质的飞跃，通过规模化可以便于实施规范化科学技术管理措施，实现机械化养殖的应用，甚至能做到产供销一条龙服务的产业链，可以大幅度地降低养殖成本，提高经济效益。

家庭小规模养殖一般是在居室内，只要有合适的面积和器具即可生产，小面积加温方法的主要设施是土暖气或用带烟罩的煤炉子，适用于年产2 t左右的产量。对房间也有一定的要求，就是要能够防止强光照射，方便冬季加温至10℃以上、夏季降温至32℃以下的要求，同时要能有效地防鼠害和蚂蚁，室内空气的相对湿度控制在80%以内。当然，对于那些新装修的房屋，还要求室内不能有挥发性的有害气体，如油漆、汽油、农药及其他一些挥发性的有机溶剂等。只要是符合以上条件且不漏雨的楼房、平房、瓦房、草房都可以用来养殖黄粉虫。

工厂化规模养殖则要严格得多，从产量上讲，它基本上突破了年产量20 t左右的规模，它要有专门的养殖场所、技术人员和服务管理人员，甚至还要有专门的深加工环节，以提高黄粉虫的高附加值。

二、生产场地

在传统养殖方式中，饲养设施简单，常常是因陋就简，规格不一，多种多样，生产场地也是如此，这就给规模化生产统一工艺流程技术参数带来极大的不方便，而黄粉虫的规模化生产正是弥补了这种缺陷，因此在生产场地上首先就要有个新的要求。总的来说，规模化生产场地要能满足以下几个条件。

一是场地选择要经济实用，便于利用各种环境。工厂化规模生产黄粉虫可新砌厂房，也可充分利用闲置空房；既可利用房舍，也可利用塑料大棚；既可单独使用，也可以两者进行有机地结合使用。总之，以能达到规模化经营生产的目的，又能以最大限度地利用现有资源、降低投入成本为主要的出发点。

二是管理方便，为了集约化管理和规模化经营，所有的生产厂房和大棚最好相近且连片，形成一定的产量规模，同时也是为了便于管理，便于技术指导和便于产品出售。购入种虫少时暂在居室的一角饲养，购入多时要设专室，一般一间屋能养 300 盘虫。

三是要通风性能良好，尤其是在夏季必须能满足这个条件，否则会造成大批的黄粉虫死亡，所以养殖场地的选择，要求选择通风条件好、干燥、无鼠害的房间。

四是具备加温保温的条件，黄粉虫的各虫态对环境温度有着不同的要求，但总体来说，要求并不高，它对环境的适应性很强，因此，要注意夏季散热、冬季保温。俗话说："寒能加暖、热不能扒皮"，饲养房内部要求的温度，冬、夏季都要保持在 20～25℃、相对湿度 70%，是最好的。室内要设温度计与湿度计，虫盘中央也需插温度计测温。夏季气温高时，洒水在地上降温；冬季要保温，以满足黄粉虫正常生长发育的需要。

五是能防治敌害，选择坐北朝南的房屋，门、窗都要装窗纱，也可用质量无需太好的、宽 2.5 m 的塑料布封好，所有房间必须堵塞墙角孔洞、缝隙，粉刷一新，以防成虫逃逸和蜘蛛、蚂蚁、蟑螂、鸟类、壁虎、鼠等天敌的危害。

六是室内地面要整洁，地面要做到平整光滑，要搞好养殖卫生，这样便于能干净地拣起掉在地上的虫子。

七是建筑结构合理，便于观察和投喂，饲养黄粉虫的场所最好选择在背风向阳、冬暖夏凉的屋里，光线不宜太强，到了冬季，可以根据屋子的宽度，用整幅的塑料布封顶，这样不会有露水滴落。安装方法：高度 2.2 m，为了不让塑料布顶棚上鼓下陷，可横着每50～80 cm拉一道铁丝，把塑料布上下编好封边，然后固定铁丝、拉紧。

八是场址选择，这一点往往被养殖户忽略，最后造成一定程度的损失。黄粉虫喜欢通风、安静的场所，惧怕刺激性的气味，所以最好选择远离闹市、嘈杂的公路及化工厂的地方作为饲养场所，最适应农村安静的环境。

三、饲养设备

饲养设备主要有饲养盘、筛盘、饲养架、温湿度计等。

1.饲养盘

饲养盘是工厂化养殖中最主要的设备之一，相当于前文箱养技术中的养殖箱一样，但是它的规格更精确，数量更多，这样就更方便确定工艺流程技术参数。各个养殖户可以根据自己的需要来设计饲养盘，最好选择梧桐木板，具有轻便的优点，一般常用的规格有 80 cm×40 cm×15 cm、100 cm×45 cm×15 cm、80 cm×45 cm×15 cm 等多个规格，基本上长宽比为 2∶1，板厚为 1.5 cm，底部钉纤维板或三合板，如果采用边长为 80 cm 的饲养盘，每张三合板正好可以做 9 个盘底，要注意三合板的光滑面在盒外面。饲养盘内一定要衬进口的油光纸，若没有可用蜡光纸或胶带代替。为让胶带等光滑内侧的东西牢固且不让虫子外逃或咬木，要将胶带贴在盘底部且多留2 mm 再和底封严。当然饲养盘也可以用铁皮箱、瓷盆、瓦缸和硬纸箱等替代。

由于饲养盘的数量比较多，而且一般都是要叠放的，因此制作饲养盘还是有讲究的，要求坚固耐用、大小一致、底面平整，不能有歪歪扭扭或翘或扁的情况存在。饲养盘底部及四周壁均具透风孔，以利于通风换气、散发虫体集群呼吸的热量。

饲养盘制作好后，还要做一些加工，就是在盘子的内侧特别是养成虫的饲养盘内侧贴上宽的胶带或用塑料薄膜钉好，确保内壁光滑，同时要有纱网作盖，防止黄粉虫的幼虫和成虫沿壁爬出或产卵不定位。为了节约成本，也可利用旧木料自行制作木盘，但规格必须与上述要求统一。

2. 筛盘

筛盘规格与饲养盘相同，底部用 1 cm 的方木条钉上 12 目铁纱网。养成虫的筛盘，还要在底部装一只铁纱网，使卵能够漏下去，不致于被成虫吃掉，纱网下要垫一层接卵纸，以便于收集卵块。

3. 托盘

托盘用比生产同组的饲养盘规格四周都大 2 cm 的纤维板，四周钉上高约 2 cm 的方木条。饲养盘饲养幼虫，筛盘放在托盘上，供蛹孵化及成虫产卵之用。

4. 饲养架

又叫立体养殖架，这是在大规模饲养黄粉虫时，在养虫室内架设的，以便将饲养盘多层叠起，进行立体饲养。饲养架可选择木制或三角铁或铁方管制成的多层架，架高一般为 1.6～2.0 m，具体高度依操作方便和房间高度而定，既不能亏料还要实用，层高为 18 cm，每格间距要依饲养盘的大小而定，注意尺寸和跨距一定要保证饲养盘抽拉自如，这样既节约了空间又不易拉掉盘子，根据我们的经验，通常每格要比饲养盘大 5 cm 即可。

5. 分离筛

主要是用于分离虫卵、虫体、饵料、幼虫和虫粪的工具。规格通常为 80 cm×40 cm×8 cm，箱底钉上不同目的筛绢网或铁纱网或尼龙网，四周用 1 cm 的木板制作，再用胶条贴好，为了适应不同的幼虫分离和虫粪分离的要求，以及其他分离目的，通常要多制备几种网目，一般有 8 目、10 目、12 目、14 目、16 目、20 目、40 目、50 目、60 目、80 目、100 目等几种。

6. 产卵筛

主要是用于黄粉虫成虫产卵，产卵筛和其他筛子的制作方法都一样，但产卵筛的尺寸一定要严格，不能太大也不能小，其规格比标准饲养盘缩小 1～2 cm，正好顺利放入饲养盘就行，封筛网的木条不要太厚，在 0.8 cm 左右就可以了，总地来说，为了适应规模化生产的需要，产卵筛的规格上要与饲养盘统一，便于确定工艺流程的技术参数。由 8 目筛网制作而成，这样很利于成虫产卵和节省麦麸，最好选择铁网，不要折叠，这样不易坏，成本也就降低了。

7. 孵化箱和羽化箱

专门供黄粉虫卵孵化和蛹羽化用，黄粉虫卵和蛹的发育是各生态史中最长的，也是最没有抵御能力的，为了防止蚂蚁、螨虫、老鼠等天敌的侵袭和黄粉虫成虫及幼虫对它们的残杀，同时也是为了满足其最适温度和湿度的要求，人们就设计制作了孵化箱和羽化箱。这 2 种箱的基本结构是一样的，它们的内部都是由双排多层隔板组成，2 层之间的距离以饲养盘高度的 1.2～1.5 倍为宜，底层还要预留出一定的空间，用来方便放置和更换水盆，以确保湿度(图 3-11)。

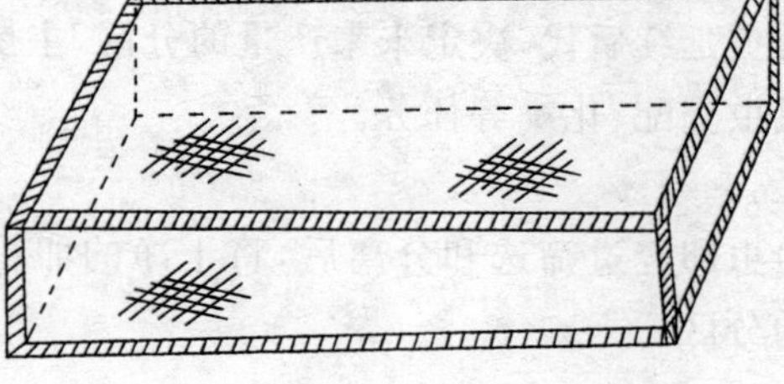

图 3-11 集卵箱

8. 其他设备

其他的辅助设备还有一些，主要有温度表、湿度计、塑料盆、塑料撮子、喷雾器或洒水壶、弯镊子、放大镜、小扫帚、旧报纸或白纸（成虫产卵时制作卵卡）等。

四、养殖场的分区

黄粉虫的养殖是有一定特殊性的，规模化养殖更有它特殊的地方，因此为了确保规模化养殖的效益，我们建议根据黄粉虫的各虫态特点以及功用将养殖场进行科学的分区，主要分为养殖区、繁殖区、孵化区、饲料区、库管区、周转区、成品加工区等。要注意的是各分区之间要相对独立，设备在互用时，要做好交接和消毒工作，尽可能减少人为污染和病害的交叉感染。

1. 养殖区

这是黄粉虫养殖的关键分区，也是决定产量和效益最主要的地方，当然也是一个养殖场中面积最大的地方，通常应占到整个养殖场的2/3左右。这个分区是用于虫孵化好的黄粉虫幼虫以及成虫养殖的地方。这样将主要的产品养殖集中到一个分区里，可以实现流水线作业的目的，非常便于操作、管理和计划生产，更重要的是可以保证虫体增长速度一致，减少了大小个体不均匀现象的发生，可节约大量的劳动力。

2. 繁殖区

这是黄粉虫延续后代，决定未来产量的分区，主要功能是用于黄粉虫完成成虫交配、化蛹等任务。

3. 孵化区

这是黄粉虫卵经过筛选和分离后，将干净的卵箱和卵纸集中后进行孵化的分区。

4. 饲料区

主要分2个区域；一是饲料加工区，包括粉碎机、颗粒饲料机等，由于在加工时会产生震动、噪声和大量粉尘，易对黄粉虫的生长造成一定的影响，所以饲料加工区一般是放在养殖区的最外侧，并与养殖区、孵化区和繁殖区严格分开。二是饲料储藏区，主要是储存加工好的饲料或者是临时储存一些麦麸、菜叶等天然饲料。根据生产的需要，饲料是必须储存一定时间的，但不宜太久，一般夏季以不超过 40 d 为宜，冬季以不超过 70 d 为宜，如果存放过久，会发生饲料霉变，导致损失。饲料区要注意防老鼠、螨虫、壁虎、蚂蚁及其他害虫，所以要放在干燥、密闭的地方。

5. 库管区

库管区主要分为两大部分，一部分是饲料储存区，上面已经讲述；另一部分就是成品储存区。这个储存区的要求较严格，只有大型的规模化生产才具备这个条件，根据需要，将黄粉虫的幼虫或成虫，主要是幼虫加工成干品虫后进行留存，在 4℃以下储存的干品虫，保持时间一般在 8 个月左右，但在常温下不能度过炎热的夏天。如果说是将虫子进行快速鲜品冷冻后，再放入－15℃的冷库中进行保存，可以保存 1 年以上。

6. 周转区

有的大型养殖企业周转区的功能较多，有产品周转区、虫粪周转区、饲料周转区等，这里主要讲的是虫粪周转区。由于黄粉虫的虫粪具有很好的肥料作用，而且市场价格不菲，因此这就需要一个储存虫粪的地方，也就是虫粪周转区的主要作用。任何一种动物的粪便都是最后的排泄物，含有大量的杂菌和酶类，如果处理或储存方法不当，会对黄粉虫的养殖造成污染，为了防止对黄粉虫的养殖造成打击，建议将虫粪周转区远离养殖中心区。

7. 成品加工区

这是提高黄粉虫附加值的分区，也是大型企业获取高额利润的分区，就是将黄粉虫的成品进行粗加工或深加工的地方，一般来说，现阶段大多数养殖企业力所能及的加工项目主要是对黄粉虫进行清洗、除杂、烘干、超低温冷冻等程序。至于提炼虫油、虫蛋白、壳聚糖及保健品等深加工，不是一般养殖场所能做的了。

五、黄粉虫的养殖

1. 黄粉虫的饲养环境

规模化养殖黄粉虫，对饲养环境也有一定的要求，总体来说，要在温暖、通风、干燥、避光、清洁、无化学污染的条件下进行。

2. 种虫

购入优良种虫十分重要，最好在有养殖经验的单位购买，不但种虫好、繁殖率高，而且可以学到很好的养虫技术与经验。

3. 适宜密度

根据生产经验，我们认为在规模化生产时，采取以下的参考密度是比较适宜的，具体的密度还要与养殖者的技术把握程度、环境条件的优劣、饲料的供应等条件密切相关。

①成虫饲养密度为每平方米 5 000～8 000 条。

②幼虫饲养密度为每平方米 2 万条左右(约 5 kg)。

③蛹身体娇嫩，以单层平摊无重叠、挤压为宜。

④种虫饲养密度为每平方米 2 000～3 000 条为宜。

⑤夏季高温时饲养密度要小一些，冬季时密度可稍大一些。

4. 饲料

主要以麦麸、蔬菜为饲料，蔬菜主要有白菜、萝卜、甘蓝、土豆、瓜类、野菜。麦麸可以用少量粗玉米面、米糠代替。这里介绍一则配方，以麦麸 70%、糠皮 19%、玉米面 6%、饼粉 5%，每 100 kg 混合料再加入多种维生素 6 g，微量元素 100 g 喂虫更好。由于营养全面，黄粉虫繁殖快而健壮。一般每 3 kg 麦麸、6 kg 蔬菜可饲养出 1 kg 黄粉虫，每千克黄粉虫的饲料成本为 4～6 元，如果青菜全是自己种植的，成本还能降低。

5. 对温度的要求

黄粉虫是变温动物，其生长活动、生命周期与外界温度、湿度密切相关。黄粉虫的成虫繁殖适宜温度为 20～30℃，卵的适宜温度为 15～25℃，幼虫及蛹以 25～30℃为宜，温度降低则延迟孵化、发育，因此夏季要注意通风降温，冬季低温要防寒保温。

6. 对湿度的要求

黄粉虫有耐干旱的习性，但正常的生理活动没有水分是不能进行的，黄粉虫对湿度的适用范围也很广，成虫、卵的最适湿度为 55%～75%，幼虫、蛹的最适湿度为 65%～75%，湿度高于 85%时黄粉虫易生病甚至死亡。科研表明，一般当适宜的湿度接近虫体含水量时，低湿的空气能够抑制新陈代谢而延迟发育，高湿的空气却能加速其发育。而蛹期虽然不吃不动，但它仍然在呼吸，故仍需置于通风、干燥、保湿的环境中，不能封闭和过湿，以免蛹腐烂成黄黑色。若在南方，炎炎夏季致使蛹皮容易干枯，要适当翻动，喷一些水雾，以保持蛹皮湿润。黄粉虫从外界获得水分的方式有 3 种：一是从食物中取得水分，因此必须经常投以瓜皮、果皮、蔬菜叶之类，通常饲料中含水量应保持在 15%～18%为宜，若空气湿度过大(大于 85%)，加之粪便污染，易使虫体患病；二是通过表皮吸收空气中的水分，若在南方炎热季节，要在饲养盒中喷少许水雾，以造成湿润小气候；三是黄粉虫从体内物质中转化而获得水分。

温度和湿度超出适宜的范围，黄粉虫的各虫态死亡率较高。夏季气温高，水分易蒸发，可在地面上洒水，降低温度，增加湿度。梅雨季节，湿度过大，饲料易发霉，应开窗通风。

7. 对光线的要求

黄粉虫生性怕光、好动，而且昼夜都在活动，说明不需要阳光，甚至雌性成虫在光线较暗之处比在强光下产卵要多。

8. 及时调整密度

黄粉虫是群居性昆虫，它的饲养密度也是在不断地调整中，如果种群密度过小，虽然虫体的取食和活动空间变得大一点，生病的机会也少一点，但是将会直接影响养殖产量和效益，主要表现在产量太低。但是密度如果太大了，也是对养殖极为不利的，主要表现在夏季气温高时，加上密度过大时，虫体相互挤压摩擦而产生大量的热能，导致局部温度升高而死亡，还有一个原因就是密度过大时，虫体间的相互残杀几率会大大增加，导致黄粉虫的死亡率也大大增加。所以随着黄粉虫的生长发育，密度也要做不断的调整，刚开始养殖时的密度要大一点，随后就要适当降低密度，尤其是在那些室温高、湿度大的地方更要降低密度。所以在养殖过程中，通常采取不断分箱的方法来达到调整密度的目的。

9. 饲养管理

黄粉虫在0℃以上可以安全越冬，10℃以上可以活动吃食，在长江以南一带一年四季均可养殖，在特别干燥的情况下，黄粉虫尤其是成虫有相互蚕食的习性。黄粉虫幼虫和成虫昼夜均能活动，但以黑夜活动较为活跃。

饲养前，首先要在饲养箱内放入经纱网筛选过的细麸皮和其他饲料，再将黄粉虫幼虫放入，幼虫密度以布满容器或最多不超过2～3 cm厚为宜。最后上面盖上菜叶，让虫子生活在麸皮、菜叶之间，任其自由采食。虫料比例（虫子∶麸皮∶菜叶）是1∶1∶1。当然，刚孵化后的幼虫要精养，以多投玉米面、麸皮为主，随着个体的生长，增加饲料的多样性。每隔1周左右，换上新鲜饲料并及时添补麸面、米糠、饼粉、玉米面、胡萝卜片、青菜叶等饲料，也可添加适量鱼粉。每5 d左右清理1次粪便。幼虫要经常蜕皮，每蜕皮1次就长大一点，当幼虫长到2 cm时，便可用来投喂动物。一般幼虫继续生长到体长3 cm、粗达到8 mm，最大个体体长3.3 cm、粗8.5 cm时，颜色由黄褐色变淡，且食量减少，这是老熟幼虫的后期阶段，会很快进入化蛹阶段。初蛹呈银白色，逐渐变成淡黄褐色。初蛹应及时从幼虫中拣出来集中管理，蛹期要调整好温度与湿度，以免发生霉变。

黄粉虫的卵经数天后就可以孵化成幼虫，幼虫再经连续多次蜕皮后就化为蛹。蛹睡在饲料堆里，有时自行活动，蛹再蜕皮羽化成为成虫(蛾)，将要羽化成成虫时，不时地左右旋转，几分钟或几十分钟便可蜕掉蛹衣羽化成为成虫。在饲养的过程中，孵化的卵以及幼虫、蛹、成虫要分开饲养。当大龄幼虫停止采食时，要拣出来放于另一个器具里，使其产卵，经1～2个月的养殖，便进入产卵旺期，此时接卵纸要勤于更换，每5～7 d换1次，每次将更换收集的卵粒分别放在孵化盒中集体孵化。经7～10 d便可孵化成幼虫，孵出的幼虫再分出放在饲养盒中饲养，这样周而复始，循环繁衍，只要室温保持在15～32℃，一年四季均可繁殖。

第九节　酒糟养殖技术

利用酒糟养殖黄粉虫是一种很好的养殖模式，它具有变废为宝、综合利用的效果，是黄粉虫养殖户在生产实践中探索出来的行之有效的技术，我们在这里特意进行总结，以供部分黄粉虫养殖户参考利用。

一、场地选择与处理

俗话说："近水楼台先得月"，利用酒糟养殖黄粉虫，它的主要饲料是酒糟，因此在场地选择时，一个重要参考点就是靠近酒厂，方便酒糟的运输，具体养殖场所的选择和其他养殖方法是一样的，都是选择在室内或大棚里，如果进行加温控温周年饲养，饲养室就需要装配上隔热材料、加温控温系统和通气排湿系统等。通常可将整个养殖场进行功能分区，可以分为酒糟储存室、成虫饲养室、成虫产卵室、幼虫饲养室(包括立体饲养架和塑料饲养盆)、卵和蛹的管理室等。

二、酒糟准备

用来养殖黄粉虫的酒糟有2类:一类是啤酒糟,另一类是白酒糟。我们最常用的还是白酒糟,白酒糟是白酒厂酿酒后的副产品,其中含有水分约为63%、粗蛋白质约为4%、粗脂肪约为4%、无氮浸出物约为15%、粗纤维(主要成分是稻壳)约为14%和含量丰富的多种维生素、矿物质。白酒糟中的稻壳是白酒发酵中用于疏松透气的,一般家禽家畜都不能直接食用,但是实践表明,黄粉虫能很好地取食,利用稻壳酒糟中碎屑的营养成分喂养的幼虫生长发育很好,转化效率很高。

从酒厂购买的酒糟由于含有大量的水分,容易再次发酵霉变,从而影响黄粉虫的生长发育,甚至造成疾病,所以建议养殖户最好不要储存,适宜随用随运,这也是为什么要将养殖场所建在离酒厂较近的原因,这样可以节约不少运输费用。

三、黄粉虫幼虫饲养

黄粉虫刚刚孵化出来的低龄幼虫不要添加酒糟饲料,低龄幼虫取食麦麸就足够生长了,饲养前,首先要在箱、盆等容器内放入经纱网筛选过的细麸皮,再将幼虫放入,幼虫密度以布满容器或最多不超过2 cm厚为宜。为防止饲料干燥缺水,可以在麦麸中放几块马铃薯片或者水果等鲜料。

在低龄幼虫取食完麦麸后,慢慢地在饲养盆中先添加少量的白酒糟,然后摆放在饲养架上任幼虫取食,等吃完后再慢慢地不断添加白酒糟,经过1周的驯养后,黄粉虫就能完全适应取食酒糟。以后每隔1周左右,换上新鲜酒糟饲料,也可添加适量鱼粉,每7 d左右清理1次粪便。在完全添喂酒糟后,就不必再为黄粉虫准备水果和马铃薯了,因为酒糟中含有丰富的水分。

饲养室内空气湿度以80%左右为宜,室温最好控制在20～

27℃，如果室温超过28℃，加上酒糟发酵产生的热能，饲养盆内酒糟饲料层中的温度往往超过35℃，过高的温度不但会影响幼虫的生长，甚至会导致黄粉虫死亡。因此，饲养室要注意通风排湿、及时降温，同时也要防止缺氧和螨虫滋生。

利用酒糟养殖黄粉虫的密度一般要比工厂化养殖的密度低15%左右，具体的密度要根据养殖户各方面的条件综合考虑再放养。当幼虫渐渐长大，生存空间逐渐拥挤而导致密度过大时，就要适时分箱饲养，分箱后再添加适量的白酒糟。

四、黄粉虫成虫饲养

黄粉虫成虫饲养是整个配套技术的关键，只有通过有效的成虫饲养，才能获得大量的黄粉虫虫卵，最后生长成大量的幼虫。

黄粉虫成虫饲养量和饲养箱的多少取决于所需饲养的幼虫数量的多少，成虫饲养的产卵箱可以按常规方法制作，成虫养殖的适宜湿度为78%～85%，温度控制在22～25℃，用小干鱼和鲜南瓜片、鲜胡萝卜或马铃薯片代替麦麸用于成虫饲料，成虫饲料视取食情况要不断地添加，并及时清理出虫粪和未吃完的饲料。成虫饲养箱中，成虫要投放较高的密度以提高卵箱的利用效率和产卵板上卵的密度，产卵板一般每3 d换1次，并添加0.5～0.6 cm厚的麦麸，取下的产卵板要按顺序水平叠放，一般叠放5～6层，不可叠放过重以防压坏产卵板上的卵粒，成虫一般饲养2个月，2个月后产卵量下降就要淘汰掉。

五、卵的护理

当成虫停止吃食时，要拣出来放于另一个器具里，使其产卵，经1～2个月的养殖，便进入产卵旺期，此时产卵板和接卵纸要勤于更换，每5～7 d换1次，每次将更换收集的卵粒分别放在孵化盒中集体孵化。经7～10 d便可孵化成幼虫，孵出的幼虫再分出放在饲养盒中饲养，这样周而复始，循环繁衍，只要室温保持在15～32℃，一年四季均可繁殖。

六、蛹的护理

幼虫经多次蜕皮后，颜色由黄褐色变淡，且食量减少，这是老熟幼虫的后期阶段，会很快进入化蛹阶段。初蛹呈银白色，逐渐变成淡黄褐色。初蛹应及时从幼虫中拣出来集中管理，蛹期要调整好温度与湿度，以免发生霉变。先将黄粉虫蛹投放于产卵箱中，然后均匀撒一层(0.5～0.6 cm 厚)的麦麸，再铺放适量的小干鱼，蛹经 7～9 d 即蜕皮羽化成为成虫。

七、效益分析

利用白酒糟饲养黄粉虫，成本低廉，方法简单，可大规模生产，效益也很高。一般每吨白酒糟可以饲养 45 kg 鲜黄粉虫，如果按每吨白酒糟 30 元人民币计算，则每饲养 1 kg 鲜黄粉虫的饲料成本仅为 0.7 元左右，而目前黄粉虫的市场价基本维持在 40元/kg，可见其经济效益极好，值得推荐和使用。

第十节　不同虫期的管理技术

一、卵的管理

黄粉虫卵的管理相对比较简单，虫卵肉眼一般看不清，当卵群集时，成团状散于饲料中。卵期管理主要包括卵的收集、卵的孵化、卵的管理等工作。

1. 卵的收集

在饲养盘底部附衬一张稍薄的白纸，上铺 2 cm 厚的饲料，每饲养盘中投放 2 000 只(雌∶雄＝1∶1)成虫，雄虫个体细长，雌虫个体胖大，尾部尖细，产卵器下垂，能伸出甲壳外。成虫产卵期约5个月，在产卵盛期每天能产卵20～50粒，一生产卵2 000～3 000粒。雌虫会将卵均匀产于产卵纸上，每张纸上可产卵5 000～15 000粒，2 d取出1次，即制作成接卵纸。

2. 卵的孵化

卵期的长短与温度及湿度有很大关系，卵孵化最适温度为21～27℃、湿度为50%～70%、麸皮湿度为10%～15%，将每次收集的接卵纸连同饲料放置于饲养盘中，挂牌标记后将饲养盘堆叠起来，上面覆盖1 cm厚的麸皮，为了保持通风，一般将饲养盘按90°角交叉层叠，然后将饲养盘置于孵化箱中，7～15 d能孵化出幼虫，温度降低则延迟孵化，温度低于15℃时卵很少孵化。

3. 卵的日常管理

黄粉虫的卵期不需要特别的管理，由于温度降低会延长孵化期，因此在温度过低时要适当加温，温度高时可在地面洒水增湿降温。干燥时，还可在卵面盖上一层菜叶，室内挂上湿布，切不可向卵面喷水。湿度大时要通风，地面撒石灰或草木灰。

二、蛹期的管理

黄粉虫的蛹期工作也是很重要的，在这个阶段它虽然不吃不动，但它们的体内却仍然进行着各种新陈代谢和器官的发育变化，对外界的条件变化十分敏感，是黄粉虫养殖的危险阶段，稍有不适，会造成羽化不畅，为了保证它的羽化过程顺利完成，就要认真做好蛹期的管理工作，这期间的管理主要包括蛹的及时收集、蛹的科学分离和蛹的正确羽化等方面。

1. 蛹的收集

当幼虫经过80 d左右的饲养后变成老熟幼虫，它们就爬到饲料表层蜕皮化蛹。化蛹前注意多喂青料，以利于化蛹及以后蛹的羽化。老熟幼虫在化蛹期间，如果此时在盒内发现有活跃幼虫时，要注意随时拣出，以避免活跃幼虫将蛹咬伤，同时在平时就应注意区分不同阶段的老熟幼虫，老熟幼虫体态发黄，虫节明显，而活跃幼虫体态发亮、发红、手感光滑。把即将化蛹的老熟幼虫单独放在另一个盒内，待化蛹的幼虫薄薄平铺于盒内，以便于化蛹时翻身。由于刚羽化的蛹全身洁白、鲜嫩，身体柔软，无防御能力，是黄粉虫生命力最弱的时期，常在饲料的表面，不吃不喝不动，极易被其他的黄粉虫幼虫作为饵料蚕食，因此，在化蛹期间的一项重要任务就是每天要把刚羽化的蛹拣出，羽化好的蛹如果不及时拣出，就容易被幼虫咬食死亡，当然那些死蛹也要及时拣出，以防腐烂霉变而影响整个养殖环境。轻轻拣出蛹，放入另一铺报纸的筛盘中或蛹盒中，最好每 2 d 羽化的蛹放入一盘，使其同步羽化成虫。

2. 蛹的羽化

由于工厂化规模生产要求自卵纸取放之日起尽量保持时间的一致，所以各虫态发育进度基本一致，化蛹也比较一致。在蛹盒里先撒上一层新鲜的麸皮，以不盖过蛹体为度，再放蛹，并覆盖适量菜叶，将其置于羽化箱中，以待羽化。此期应注意温度不要超过30℃，否则容易致死。密度也不能过大，最好单层摊放。此期所需温度为 25～30℃，湿度为 65％～75％，麸皮要干燥。蛹期为 3～10 d，一般在 7 d 后蛹就可以羽化为成虫，取出继续培育成虫来产卵，中间可隔 2～3 d 检查 1 次。要注意的是在整个羽化过程中不要轻易翻动或挤压蛹体，以免造成虫体损伤。

3. 蛹的分离

蛹的分离可分为 2 种情况：一种情况是先羽化的成虫和蛹的分离，另一种情况则是尚未化蛹的幼虫和刚刚化好的蛹之间的分离。

(1)先羽化的成虫与蛹的分离方法　在同一批蛹中，因羽化时间不一致，先羽化的成虫会咬食未羽化的蛹，要尽快进行蛹虫分离。分离的方法有：

①手工挑拣。就是利用手工的原始方法将刚刚羽化的成虫拣走，这种方法的优点是直观、简单，能将虫、蛹的受伤程度降到最低，缺点是费时费工。在育种阶段或对原有品种的提纯复壮上，仍然用手工挑拣。

②菜叶诱集。利用虫动蛹不动的特点，在饲养箱中放一些含水量较大的菜叶如菠菜叶、青菜叶，在刚刚出现羽化的成虫时，将挑选好的菜叶放在饲养箱内，覆盖在虫子上面，成虫便会迅速爬到菜叶上取食，此时把菜叶取出即可分离。经过几次这样的操作，就可以取得满意的效果。

③黑布集虫。用一块浸湿的黑布盖在成虫与蛹上面，待几个小时后成虫大部分爬到黑布上，取出黑布即可分离。

④报纸诱集。它的原理和黑布诱集差不多，但是更方便，取材更简单，通常是在化蛹第 5 天后，每天早晚将盖蛹的报纸轻轻揭起，将爬到报纸上的成虫轻轻转移到另一饲养箱中进行专门饲养，其余的让它们继续羽化，如此 3～4 d 的操作，可以收集 90％左右的羽化成虫。

⑤虫粪分离。若是蛹较多时，则利用黄粉虫怕光及虫动蛹不动的特性，把虫子与蛹同时放入摊有较厚虫粪的木盒内，在饲养盒上用灯光照射，虫子会迅速钻入虫粪中，表面则留下已化蛹的或将要化蛹的老熟幼虫，此时能方便地将蛹收集到一起。此法亦可用于死虫及活虫的分离。

⑥网筛筛蛹。这是针对饲养规模较大时的情况，当养殖规模达到一定程度时，数量巨大的幼虫会在较短的时间内纷纷化蛹，这时采取以上任何一种方法都显得效率很低，因此，可以用这种方法来达到分离虫蛹的目的，就是在化蛹高峰期，每天用 10 目或 5 目筛筛取蛹 3～5 次，集中筛取，集中放置。

(2)老熟幼虫与蛹的分离方法　就是刚刚化好的蛹与一直未化蛹的老熟幼虫间的分离，在这一过程中，要掌握“清虫不清蛹与清蛹不清虫”结合进行。前期发现有老熟幼虫变蛹时，要即时拣蛹，当后期有65%的老熟幼虫化蛹时，经过8目筛分筛后，要注重拣虫，一经发现有活跃幼虫在盒内，要即时挑出，将筛分过后的老熟幼虫放在养殖架的上部。

三、幼虫期的管理

幼虫是黄粉虫养殖最具市场价值的一个虫期，当然也是黄粉虫整个饲养周期中的管理重点，可以说是重中之重，在这一时期的管理工作主要有温度、湿度的及时调节、放养密度的调整、科学投喂饲料、及时清除虫粪、清理死虫等工作，这些管理活动工作量的大小与饲养规模密切相关，所以说在饲养规模较大的工厂化养殖中必须有专人负责，就是基于这方面的原因。为了方便饲养管理和内容表述，我们根据幼虫的体长和发育时期人为地将饲养管理划分为3个阶段：低龄幼虫，一般是指发育时期在30 d以内、体长在1 cm以下的幼虫，这个时期的幼虫最娇嫩，是花费管理者心血最多的时期；中龄幼虫，是指发育时期在30～60 d、体长在1～2 cm的幼虫，这个时期的幼虫也很娇嫩，也要精心管理；大龄幼虫，是指发育时期在60 d以上、体长在2 cm以上的老熟幼虫，这个时期的幼虫很快就要进入蛹期，管理工作也不容忽视。值得注意的是，这些阶段的划分是人为的，在幼虫的生长阶段是不可能分得如此清晰的，因此，在日常管理中一定要灵活掌握，根据具体情况采取相应的管理措施。

1. 温度、湿度的控制

黄粉虫的幼虫虫体是比较娇嫩的，在日常管理上也是马虎不得的，总体而言，幼虫期对温度的要求在24～29℃最好，但不同的阶段又略有不同，基本上是幼虫越大，对温度的适应能力越强，比刚孵化出的幼虫所需要的温度也高一点。湿度要求在80%左右即可。

2. 密度控制

黄粉虫的密度控制是有讲究的，密度过大，不但会造成局部温度过高，而且易导致虫体间的相互残杀，但是密度过小，也不利于幼虫的活动和取食，影响养殖产量和效益，所以控制幼虫的合理密度是非常重要的，也是养殖过程中需要经常关注的主要工作。一般情况下，低龄幼虫的密度可适当大一些，以 5～6.5 kg/m^2 的饲养密度比较合适，中龄幼虫密度可适当降低一些，以 4.5～5.5 kg/m^2 的饲养密度比较合适，高龄幼虫密度还要低，以 3.5～4.5 kg/m^2 的饲养密度比较合适，这些密度仅仅是参考数据，具体的密度还须养殖户自己在生产实践中灵活掌握，及时调整，另外就是相同日龄的幼虫，在不同的饲养条件下，密度也不尽相同，如在室温高、湿度大时，密度就要小一些。

3. 低龄幼虫的管理

由卵刚孵化出的幼虫，为黄白色，它们先啃食部分卵壳，然后就取食饲养箱中的饲料，由于低龄幼虫发育较慢，食量不大，所以原虫箱中的部分饲料就足可以满足早期幼虫的需要了，开始仅见幼虫在麦麸中蠕动，而不见饲料明显地减少。

如果是采用采卵板或接卵纸时，当幼虫刚孵化后就要及时撤去产卵板或接卵纸，将纸上的饲料和小幼虫一起抖入专用的饲养箱中。为了确保它生长发育所需的条件，有时还要进行加温、增湿，促使其生长发育。升温可采取加大密度方法。增湿是定时（每天 6～8 次）向饲养箱洒水，但量要细，不能出现明水。在饲料中加大水分也能增湿。

幼虫管理还有一个重要的工作就是蜕皮的管理，当幼虫长到 5 mm 左右时，可见到一些幼虫的体色渐渐变为淡黄色，这时适当停食 1～2 d 后，幼虫可进行第一次集体蜕皮，可见麦麸上有一层褐色虫皮，以后每隔 5 d 左右蜕皮 1 次，从总体来看，第一次蜕皮比较整齐，因此比较好管理，以后慢慢地就会变得参差不齐了，导致每天都会有部分幼虫蜕皮，由于刚蜕皮的幼虫身体娇嫩，抵御能力较弱，常常成为同胞们残杀的对象，因此管理工作一定要跟上。

当幼虫达 2 龄时，就可以开始投喂青菜等青绿饲料了，数量由少到多，以少有剩余为好，同时要每天观察 1 次精饲料的残留量。

当幼虫发育到 15 d 左右时，可见饲养箱中有一些微球形虫粪时，可用分离筛进行粪、虫分离，虫粪呈暗灰色粉末状，沉于盘底，这时推荐用 80 目筛来筛除虫粪，同时要称取幼虫体重，如果密度较大就要适当分箱，同时按幼虫总体重的 20％来添加新的精饲料，每次喂麦麸厚度不超过 5 cm，过厚不透气，过少增加喂料次数。加入少量青绿饲料，如每 1～2 d 喂 1 次青菜。青菜要切成 1 cm 左右的碎块，每盘每次撒 2～3 把，每次以不剩或少剩为原则，进行正常的管理工作。以后每隔 1 周重复上述工作，只是筛子的网目变为 60 目，及时除去虫皮及吃剩的萎蔫的菜类，其他的工作照旧。

4. 中龄幼虫的管理

生长日期在 45 d 左右的中龄幼虫是黄粉虫一生中生长发育较快的时期，日投喂量和日消耗饲料较多，排出的虫粪也比较多，因此，日常管理的次数也要相应增多。

每天在晚上检查前一天的精料残留量，并及时补充新的精料，每天投料量最好以晚上箱内料吃光为度，早上和晚上各投喂 1 次青绿饲料，并拣去前一天多余的青饲料。未成龄幼虫要多喂青菜，对蛹和成虫的生长发育有利。前期以精料为主，青料为辅；后期以青料为主，精料为辅。在幼虫蜕皮时，少喂或不喂饲料，蜕皮后随着虫体长大而增加饲喂量。也可把精料用水拌成小团，切成小块放在网筛上供其自由摄食。通常每 5 d 左右除去虫粪，在刚进入中龄幼虫饲养时，用 60 目或 50 目筛来筛除虫粪，同时要称取幼虫的体重，如果密度较大或因生长速度不同而大小不一时，就要适当分箱饲养，2 次以后就要用 40 目的筛子来分离。在清理粪便前半天不喂饲料。

夏季气温高，幼虫生长较快，蜕皮多，要多喂青料，供给充足的水分，可喂些菜叶、瓜果等。气温高时多喂，气温低时少喂。有的老龄幼虫在化蛹期以后，食欲表现较差，可加喂鱼粉，以促进化蛹一致。

经过1个月左右的饲养，中龄幼虫的体长可达1～2 cm，体重比1个月前可增加1.2倍左右。

5. 大龄幼虫的饲养管理

生长日期在60 d以上的大龄幼虫是黄粉虫一生中生长发育最快的时期，日投喂量和日消耗饲料最多，生长发育的速度最快，每天排出的虫粪也最多，因此日常管理的次数也要相应增加。

根据生产实践表明，大龄幼虫每天消耗饲料的总重可占自身体重的20%～25%，其中菜叶等青绿饲料和麦麸等精饲料几乎是各占50%，因此必须每天投喂2～3次青绿饲料，基本上采取早晚投足，中午补充。随着幼虫不断长大，喂菜量应不断增加，尤其是后期，要以喂菜为主，即使没有麦麸也不能没菜。每天补充1次精饲料，每3 d左右要清理、筛除1次虫粪，这时宜用30目或20目的筛子来筛选，并及时分箱。当幼虫化蛹时多投青料，有利于化蛹及蛹后的羽化。有些老龄幼虫在化蛹盛期后，食欲较差，此时可加喂些鱼粉，以促进化蛹一致。

由于大龄幼虫的集群性更强，特别喜欢群集堆聚在一起，因此要加强观察，如果虫子堆积的厚度超过3 cm时，要及时添加饲料，同时做好分箱饲养工作。大龄幼虫的饲养主要有两大作用，一个作用是及时采收作饲料原料，另一个作用就是繁殖后代。当虫体的体重达到0.15～0.25/条、体长达到2.5～3.0 cm时，是作为鲜活的动物性饵料最佳采收期，同时也是用来作为加工虫菜、虫罐头等最佳的原料，这时可用20目或10目筛来筛选。对于留种的幼虫要继续强化培育至经蛹，以确保它的营养储备丰富，为下一步的生儿育女提供尽可能多的能量。

6.蜕皮管理

黄粉虫的幼虫同幼蝎子、河蟹、虾类等甲壳动物一样，也有蜕皮特性，而且它们的生长发育是经蜕皮进行的，不经过蜕皮它就不可能生长，无论是体长还是体重都是经蜕皮后完成的。正常情况下，幼虫约 1 周蜕皮 1 次。在温、湿度适宜且没有外来侵袭的情况下，幼虫蜕皮相当顺利，很少有死亡现象。但是一旦有温度、湿度失衡或受到敌害侵袭、同胞的咬噬、病害的入侵等情况时，它们的死亡率会大大提高，因此在幼虫的养殖过程中，对幼虫蜕皮前和蜕皮后的 8 h 内的管理要相当严格，不可掉以轻心。我们一般人为界定刚孵出的幼虫为 1 龄幼虫，第一次蜕皮后变为 2 龄幼虫，以后依此类推。

幼虫在集中蜕皮时不要投喂太多的饲料，当管理人员能看见大量的虫蜕后，可以开始投喂精饲料和青饲料如白菜、瓜果。此时，不要用切碎的菜，因为是用菜来调节养殖箱内的湿度，所以要以菜心和菜叶为宜。

7.其他的管理注意事项

(1)防止敌害　蟑螂、蚂蚁、老鼠等天敌，会与黄粉虫争食饲料，尤其是老鼠危害更大，会咬死、吞食虫体，特别是幼虫更是易受伤害，因此，饲养室内要保持清洁卫生，杜绝老鼠、蟑螂、蚂蚁等。

(2)防止毒害　饲养室内严禁堆放化肥、农药等有异味、刺激性的物品，更不能让虫体直接接触，也不能在室内喷洒农药来杀灭天敌。

(3)保持温度、湿度　饲养室内要保持正常的温度与湿度，不能忽高忽低，否则会影响黄粉虫各态的生长速度，甚至死亡，因此既要保持室内通风干燥，防止潮湿，又要保证室内适宜温度(18～22℃)。夏季气温高，水分蒸发快，可在地面洒水降低温度，增加湿度，但是在夏季要严禁在饲料中积水或于饲料盘中看到水珠；梅雨季节湿度过大，饲料易霉变，应及时开窗通风；冬季天气寒冷，应及时关闭门窗，在室内加设煤球炉或电炉来控制室温。

(4)防止堆积　饲养盆、笼器具中的幼虫厚度以不超过 3 cm 为宜，不能过多堆积，养殖期间要经常翻动幼虫，以利于散热，防止因局部过热而造成虫体死亡。

(5)清除死虫　要及时清除死去的蛹和成虫，以免腐烂变质，滋生细菌，同时也不要投喂发霉变质的饲料及带水的瓜果皮、菜叶，以免危害虫体。

四、成虫期的管理

饲养成虫的目的不是为了收获成虫作为动物活饵料或进行深加工所用，目的是为了繁殖后代，保证养殖种群的扩大，提高下一阶段的养殖产量，同时有的养殖户还利用这一机会来选育优质的黄粉虫新品种或提纯复壮原有的品种。因此，成虫期的管理工作虽然不如其他时期显得重要，但也不容忽视，管理重点是如何保持成虫具有旺盛的生命力、强大的繁殖力、获得最多的产卵量、获得最高的孵化率等问题。

1. 养殖密度

在每个产卵箱中养殖的成虫数量基本上是一定的，一般可按 2 kg/m^2 的密度放养。密度过大时，成虫会相互争空间、争食饵、相互挤压，甚至相互残杀，从而引起繁殖能力下降；密度过小时，由于可供繁殖的成虫数量少，难以在一定时间内保证充足的产卵量，从而不能保证培育出的幼虫保持发育一致。当然这个密度仅仅是个参考值，可根据生产实际情况和养殖者的技术情况具体掌握。

2. 饲养管理

成虫期的管理工作主要有以下 4 点。

一是温度的控制。饲养成虫的场所最好选择在背风向阳、冬暖夏凉的屋里，光线不宜太强，保持温暖，最适宜温度为 25～33℃，在日常管理中要尽可能地创造这些条件，做好冬季加温、夏季降温的工作。夏季气温高时，在地上洒水降温；冬季要保温，以保证黄粉虫正常生长发育的需要。

二是湿度的控制。成虫所需的适宜湿度为60%～75%，因此当空气干燥时，可通过向养殖环境中喷洒少量水雾的方法来增加湿度，湿度过大时，可通过通风的方法来降低湿度。

三是科学投喂饲料。在成虫进入饲养箱前，要将饲养箱预先铺放一层1 cm左右的麦麸饲料，也可在饲养箱内放上一层新鲜的菜叶或豆科植物的叶片，既可以保持饲养箱内的相对湿度，又可以为成虫提供补充的植物性饲料。在进入饲养箱后，每天早晚要投放适量配合饲料，如上次投喂的饲料没有吃完，也不必立即清理出去，适当补加一部分精饲料即可，另外还要适量添加一部分青绿饲料，投喂量以到下一次投喂前刚好吃完为度，要注意的一点是投放的青绿饲料不能过度增加，因为青绿饲料的水分较多，容易腐烂发酵并能释放出过多的热能，导致成虫饲养箱内局部温度升高。在清理前一次未吃完的青绿饲料时要注意仔细查看，由于经过1 d的摆放，青绿饲料会发生干燥、卷缩甚至萎蔫，里面有时会含有成虫刚产的卵，这时要将这些卵集中放养在产卵箱中进行孵化。

四是定期收集接卵纸。在产卵箱的下面放一层干燥的硬质纸板，再在上面放一张柔软的报纸作为接卵纸，每天可以收集一次集卵纸，2 d内收集的接卵纸可以视为同一批产的卵，可以放在一起进行孵化，把这些产卵报纸抖落在饲养盘中，保持卵块向下的态势，再写上日期摞在饲养室孵化。每次取卵后要适当地给成虫添加青料和精料，及时清理废料或蛹皮，换下的料里中可能有卵，不要马上倒除，集中放好。

3. 注意事项

在饲养时还要注意以下几点：第一是成虫和幼虫因对饲料要求不一致，而且成虫容易吞食幼虫尤其是正在蜕皮的幼虫，所以不要混养;第二是投放的饲料营养要全面,最好合理配制人工饲料配方,为将来的产卵积累能量;第三就是饲料投喂要遵循“量少勤投”的原则,每天喂 2～3 次;第四就是要及时清除死亡雄虫,防止其变质传染疾病;第五就是定时更换接卵纸,一般每 1 d 换 1 次。

五、春季的管理

春季的管理应分为 2 个阶段,第一个阶段是早春,此时气温不稳定,而且还比较寒冷,主要是要做好加温保温工作。第二个阶段是暮春,此时无论温度还是湿度是非常有利于黄粉虫生长发育的,此时应加强对黄粉虫各虫态的管理,争取多生产,多提高产量和效益。另外暮春时,在南方雨多湿度大,虫子死亡率高,此时要加强防范,主要是多通风来降低湿度。

六、夏季的管理

夏季高温,虫子也会出现死亡,这是黄粉虫养殖的致命季节,但只要掌握好技术,也能轻松度过,所以初养户没有经验时,一定要向供种单位的饲养技术人员或相关专业人士请教如何饲养。

这一时期的主要工作还是做好幼虫期的管理,还要做好防止各种敌害的侵袭。在养殖过程中的关键管理技术就是做好防暑降温工作,具体措施主要有:一是做好通风工作,二是做好遮阴工作,三是及时在地面洒水降温。

七、秋季的管理

秋季也是黄粉虫的生长高峰期,此时秋高气爽,非常适合黄粉虫的生长发育,在这一阶段的主要工作也就是做好各期的养殖管理工作,力争多生产,尤其是加强成虫产卵和孵化的工作。

八、冬季的管理

冬季的主要工作是做好升温、保温、保湿工作。主要措施可以通过下面几点来完成。

(1)必须做好房屋的密封　冬季天气较冷，而且风大，房屋的密封非常重要。一般可采取钉塑料布的方法，有条件的也可制作草帘用于封窗。门口必须用棉帘遮挡，防止人员出入频繁带走热气。

(2)加强取暖工作　取暖设施可用煤炉、烧暖气或开空调来统一供热，在保证温度时，要按照成虫房、蛹房温度应高一些、幼虫房温度低一些的要求进行。昼夜温度都应保持在15℃以上。

(3)饲料要保持一定温度　当天饲喂的饲料、菜叶应提前放到室内使温度与室内温度接近，避免虫子食用过凉的饲料，防止生病和低温造成虫体温度下降，影响正常生长。有条件的可适当增加玉米粉的投喂比例，增加热量。

九、虫粪的清理

饲养箱应经常保持清洁，要及时清除死去的蛹或成虫，除去幼虫的蜕皮和粪便。清理的方法是：在准备筛除虫粪前的三四天不要向饲养箱内投放饲料，尽量让其将原来的食料吃净，用毛刷将死虫、菜叶、虫蜕等刷干净，此时幼虫受到惊扰都钻入下面的虫粪与剩余的麦麸之中，将清除的死虫与菜叶和部分幼虫集中放在一个盒内，置于一边，待后处理。

其余的用20目筛筛除虫粪，并根据不同的大小分箱饲养。分箱后就在箱内撒几把麦麸和一些菜叶，进行正常饲养。以后随着养殖时间的增加，箱内虫粪就会逐渐增多，此时应适当多加麦麸，过了几天后就要进行下一次的虫粪筛除工作，第二次筛虫粪时，与上述过程相同。

十、黄粉虫的运输

当黄粉虫进行规模化生产时，种虫及大批量生产的黄粉虫商品虫以及黄粉虫的加工产品必然会遇到运输方面的问题，尤其是在黄粉虫商品虫和种虫的销售、调运过程中，必须进行活体运输，根据目前的运输技术和运输条件，可以说，运输是黄粉虫活虫流动的一道难关，因此科学运输就是一个关键的过程，也是养殖户之间进行黄粉虫活体交流和养殖企业向外供种的一个要点。近年来，有许多养殖户由于运输不科学，造成黄粉虫不同程度的死亡，这种损失是很令人痛心的，为了将损失降到最低，根据养殖户的经验，我们特地将它的运输技术作以概括，以供养殖户进行参考。

1. 运输时间

适宜黄粉虫的运输时间是在每年的春秋季节，如果夏季和冬季也要运输的话，一定要做好防暑降温和加温保温的工作，以减少黄粉虫的伤亡。在夏季，如果遇高温天气最好在夜间或清晨或阴雨天气运输较安全，成活率在90%以上。在冬季，要计算好时间，最好在白天就要完成运输任务。

2. 运输虫态

在进行黄粉虫良种的运输、引进或商品虫的异地利用时，必须要根据各种虫态情况而采取不同的运输方法。根据实践表明，黄粉虫的各个虫态时期都可供运输，但是从运输成本和成活率来说，还是运输虫卵比较划算，也是最方便、安全的，只要保证卵纸不积压、不折弯，基本上不会造成太大的损失。运输大龄幼虫是最不划算的，主要是因为在运输时需要大量的饲料、产生大量的虫粪，这无形之中就增加了成本。一般是不将成虫和蛹作为运输对象的，特殊情况除外。我们建议，远距离运输以邮寄卵纸为主要方式，也可以将卵同产卵的麦麸或虫粪一起邮寄。短距离运输可以运输各种虫态的黄粉虫。

3. 运输容器与容载量

可用袋装、桶装或箱装，每袋装 3～5 kg，每箱(桶)装 10 kg 比较安全，箱子不能加盖，以便通风散热，这样的包装一般不会造成黄粉虫的大量死亡。具体的容载量要根据容器大小、气候条件来确定，一个基本原则就是要保证相互之间不要挤压、碰撞。还有一点要注意的就是要尽可能地避免黄粉虫在运输过程中受到反复惊扰和震动，从而引起应激性反应，最终会使容器内的温度在短时间内升高，而导致黄粉虫的死亡。

4. 运输要点

在运输时为避免互相挤压出现死亡，需要在箱、袋内掺入一半的饲料或虫粪，与虫子搅拌均匀。这些麦麸饲料或虫粪有减少虫体间接触及吸收热量的作用，可以有效地减少伤亡。在运输卵纸时要用塑料盒或其他容器包装好，不能在运输过程中受到挤压、折断等伤害。

在夏季运输时，由于温度较高，可用数只冰袋放入虫袋(箱)中，有直接降温作用。实践证明，用此法运输较为安全，很少发生死亡现象。根据实验表明，在夏季如果不采取防暑降温措施的话，一袋虫子经过 2 h 左右的运输，袋里的温度可以升高 5℃左右，从而导致虫子因高温而死亡。所以在运输时，一旦外界温度达到 27℃时，就最好不要运输活虫了，以免造成不必要的损失。

冬季运输虫子时应注意两个方面，一是虫子装车前应在相对低温的环境下放置一段时间，使其适应运输环境，但温度不能低于它的致死温度，这是要注意的，有的养殖户为防止温度低黄粉虫被冻死，大量运输时可放入有空调的车内进行保温，也是可行的办法。二是装车时要在车的前部用帆布做以遮挡，防止冷风直接吹向虫子，同时应即装即走，减少虫子在寒冷空气中暴露的时间。如果是少量运输时，可用布袋多装一些，并经常翻动布袋，利用虫子活动摩擦产热进行升温。

第四章　黄粉虫的饲料

在少量养殖黄粉虫时，可以利用麦麸、瓜果、青菜等来喂养，能有效地利用这些农村最常见的资源，转化为明显的经济效益。但是如果是在大规模养殖黄粉虫时，单纯的饲喂麦麸等粗饲料就显得不合要求了，一方面这些新鲜的粗饲料在种植和保存上有时间的限制，不能保证一年四季都能满足黄粉虫的养殖所需；另一方面就是黄粉虫的不同虫态期的生长发育对营养的需求并不完全一致。因此，全部应用同样的粗饲料就不能体现规模化养殖的效果。所以说，要想规模化养殖黄粉虫取得最佳的经济效益，就要给它正常生长发育所需要的全价营养的优质饲料，我们可以根据不同的虫态、不同的虫龄、不同的季节、不同的饲养方式及不同养殖目的，根据虫体所需要的不同营养配比，结合当地的自然资源和优势资源给予不同的且科学的饲料原料和配方。

第一节　饲料来源

由于黄粉虫的食性较杂，所以它的饲料来源，总的来说是非常广泛的，而且也比较简单方便，常见的有麦麸、玉米面、豆饼粉、花生饼粉、芝麻粉、豌豆粉、各种农作物秸秆、米糠、树叶、苏丹草、黑麦草、野草及糖果渣沫等。新鲜的果菜类主要是白菜、萝卜、南瓜、冬瓜、西葫芦、苹果、土豆等，用以补充维生素、微量元素及水分的需要，要注意这些蔬菜要没有农药残留。另外有的配合饲料还添加少量葡萄糖粉、鱼粉等。

一、麦麸

麦麸俗称麸皮，通常是用小麦磨成粉后的产品，有许多地方也将小麦精加工后的下脚料称为麦麸，它是饲养黄粉虫的传统饲料，也是目前最主要的饲料原料之一。麦麸主要是由种皮、外胚乳、糊粉层、胚芽及颖稃中的纤维残渣等组成，与一些籽实类饲料原料相比，具有粗蛋白质、粗纤维、B族维生素及矿物质等含量高、淀粉含量低的优点，加之它的质地疏松，容积大，吸湿性强，具有一定的轻泻性，属于低热能饲料原料。

麦麸约占麦粒总重的23%左右，余下的有4%左右的次粉，0.8%左右的粉头。我国的小麦麸分类方法较多，按加工精度可分为精粉麸和标粉麸，按品种可分为红粉麸和白粉麸，按制粉工艺中产出物的形态、成分又可分为大麸皮、小麸皮、次粉和粉头等，显然大、小麸皮是麦麸的主体。一般大麸皮是指60%通过40目筛、2%以上通过60目筛的麸皮，呈片状，容重为180～260 g/L。小麸皮是指70%通过40目筛、20%以上通过60目筛的麸皮，形状较细，容重为210～350 g/L。次粉和粉头是指由较细皮部碎片糊粉层、胚芽及少量胚乳组成的混合物，比小麦麸细，数量较少。

小麦品种对麦麸品质影响较大，一般由硬质冬小麦所产的麦麸蛋白质含量高于软质春小麦，由红皮小麦所产的麦麸蛋白质含量高于白皮小麦麸。小麦麸的粗蛋白含量为12%～19%，氨基酸组成较佳，富含维生素，也含有植物酶，黄粉虫对它的吸收率要优于米糠。

以麦麸为原料配制的饲料配方，主要是用来饲喂幼虫和供繁殖育种用的成虫，确保繁殖所需要的营养效果。用麦麸、玉米面、豆饼粉、花生饼粉等多种混合糠粉为原料发酵而成的生物饲料已经被广泛运用于工厂化规模养殖中，可以有效地降低饲料成本，提高经济效益。

二、农作物秸秆

农作物秸秆主要是指玉米秸秆、玉米芯、小麦秸秆、豆秆、高粱秸秆、油菜秸秆、稻草、花生藤、花生壳、木薯秸秆、剑麻渣、甘蔗渣、木屑、豇豆藤、红薯藤等，是这些农作物在收获果实后留下的废料，它们的主要成分是纤维素、半纤维素和木质素，还含有一些其他营养物质，如维生素、果胶质、脂肪等，它们在我国的农村是相当丰富的资源，在每年大约50亿t的纤维素资源中，这些秸秆就占到了1/9左右，每年在收获季节，全国各地到处在焚烧这些秸秆，不但浪费了丰富的自然资源，也对环境造成了极大的破坏，因此开辟这些秸秆资源来养殖黄粉虫具有极其重要的意义，将对整个农业的发展是一个十分重要的贡献。

这些饲料中含有的纤维素、半纤维素在一般情况下难以分解，其他的营养成分也因胶质的包裹而不易被一些家禽、牲畜等直接利用，直接用来投喂黄粉虫的话，黄粉虫对它直接消化吸收利用也是有一定的困难的，因此在投喂前，必须要经过一段时间的发酵及微生物处理后方可，发酵及微生物处理的目的是将这些农作物秸秆中的纤维素、半纤维素以及多聚糖等进行软化，降解成低分子的、易吸收利用的小分子碳水化合物后，同时部分被微生物分解利用，合成游离氨基酸和菌体蛋白，才能方便被黄粉虫利用，从而达到提高利用率的目的。

用农作物秸秆发酵饲料来投喂黄粉虫，不但生产成本低，而且营养丰富，是理想的黄粉虫补充饲料。但是，目前的研究结果表明，秸秆发酵饲料只能作为规模化养殖黄粉虫的一个补充饲料来源，还不能完全替代全价配合饲料，若要取得最佳的经济效益，还是需要研制专用的配合饲料。

三、米糠

米糠是指糙米加工细米时分离出来的种皮、糊粉层和外胚乳等组成的混合体，一般出糠率约8%，米糠的营养价值和麦麸一样，取决于糙米的加工细度。

鲜米糠的适口性好，营养价值相当于玉米的85%左右。含蛋白质约为13%，氨基酸中的赖氨酸含量较高，约0.81%，蛋氨酸约0.26%，约为玉米的蛋氨酸含量的1.5倍。

另外，在稻谷加工成大米的过程中，还会产生两种糠类，这也是饲养黄粉虫的原料之一。一种糠是砻糠，是指稻谷加工成糙米后脱下的外壳，该外壳含粗纤维46%、粗灰分21%、无氮浸出物28%等。另一种糠则是统糠，统糠又可分为两类，一类是稻谷一次加工成白米而分离出来的糠，该糠约占稻谷总量的28%左右；另一类是将加工分离出来的米糠人为地与砻糠相混合而成的一种糠，按混合比例通常分为"一九"糠、"二八"糠、"三七"糠等，该糠的品质完全取决于米糠所占的比例。

四、果渣

果品经过罐头厂、果酒厂、饮料厂加工后，被废弃的下脚料通常称为果渣，果渣包含有果核、果皮、果浆等，经过适当加工后就可以成为黄粉虫的优质饲料。

五、各种饼粕类

饼粕是一些含油量较多的籽实经过榨油或其他成品、半成品的提炼后而最终留下的副产品，它的主要种类有大豆饼粕、菜籽饼粕、花生饼粕、棉仁(籽)饼粕、芝麻饼粕、葵花饼粕、椰仁粕、豌豆粉和羽扇豆粉等多种。

这类资源我国是非常广泛的，可以说全国各地到处都有，取材也很方便，是黄粉虫优质的饲料原料，养殖户要充分利用各地的资源优势，因地制宜，变废为宝，降低养殖成本，提高经济效益。

六、蔬菜

利用蔬菜作为黄粉虫养殖的含水饲料，是目前最常见的，也是利用范围最广泛的，蔬菜不仅可以提供适量的水分，而且可以调节养殖环境内的湿度，为黄粉虫提供最佳的生存环境。

根据我们的经验，如果投喂的蔬菜水分过多，极易使饲养箱内的湿度太大，造成霉变，导致黄粉虫患病，有时这种损失是无法挽回的，也是十分巨大的。因此养殖户在采收蔬菜时最好在早上9:00左右采收，尽量不要在有露水的情况下采收，阴雨天也要少采摘果蔬，一旦没有食物来源，急需蔬菜时，要将有水珠或有露水的蔬菜稍微晾干后再投喂。

通常供黄粉虫养殖用的蔬菜有白菜、青菜、菠菜等叶菜类。

七、饲草

这些饲草的种类很多，大多数是渔业用草、牧业用草、禽业用草等，由于它们种植简单、采收方便，营养价值较高，而且单位产量极高，完全可以满足规模化养殖黄粉虫的饲料需求，所以有不少养殖户也专门开辟了种草养虫的技术路线，实践证明，这是一条不错的路子。

1. 苏丹草

苏丹草是一年生草本植物，是当前世界上栽种最普遍的牧草和渔草，是一种很有价值的高产优质青饲作物。苏丹草具有高度适应性，我国各地几乎均能栽培，它的最大优势就是产量很高，在适宜的条件和合理的管理技术下，1亩田可年产鲜草1.8万kg左右。

苏丹草在分蘖后生长迅速，有资料表明，在高温高湿的适宜条件下，一昼夜它的茎秆可生长 7 cm 左右，它的再生能力特别强，从 5～8 月间可每 10 d 就能刈割一次。

黄粉虫对苏丹草的利用可以分为两部分，一部分是利用它的茎、叶，鲜嫩的苏丹草是黄粉虫的幼虫喜欢的好饲料，用苏丹草的茎叶饲喂黄粉虫时的方法与蔬菜叶饲喂是一样的；另一部分可以利用的就是它的秸秆，将苏丹草经过多次的刈割后剩下的秸秆同玉米秸秆一样的方法进行处理后，用来饲喂黄粉虫。

2.黑麦草

黑麦草有多年生和一年生两种，在投喂黄粉虫时，为了节约劳动成本，可以栽种多年生黑麦草。黑麦草生长快、分蘖多、繁殖力强，茎叶柔嫩光滑，品质好，它的新鲜的茎叶是黄粉虫养殖的优良饲料。黑麦草对土壤要求不严，几乎所有的地方都能种植，养殖户可因地制宜，利用房前屋后的空闲地种植，极有利于发展黄粉虫的养殖，而且它的再生能力强，不怕践踏，在刈割后能很快恢复长势。用黑麦草投喂黄粉虫的方法与蔬菜投喂是一样的。

第二节 配合饲料的加工

发展黄粉虫养殖业，光靠麦麸和蔬菜等天然饵料是不行的，必须发展人工配合饵料以满足养殖要求。尤其是在人工饲养黄粉虫时，不能长期只喂一种饲料，应该投喂多种饲料制成的混合饲料，这样才能满足黄粉虫生长、发育、繁殖所需要的各种营养物质，保证其正常生长发育和繁殖，否则，黄粉虫得不到足够的营养物质，仅能维持生命，生长发育受阻，虫体变小，繁殖力下降，所以人工配合饲料的研制对规模化养殖黄粉虫来说是必须的。

一、饲料配方设计的原则

由于配合饲料是基于饲料配方基础上的加工产品，所以饲料配方设计的合理与否，直接影响到配合饲料的质量与效益，因此必须对饲料配方进行科学的设计。饲料配方设计必须遵循以下原则。

（一）营养原则

1. 必须以营养需要量标准为依据

根据黄粉虫的不同虫态、不同的生长阶段和生长速度选择适宜的营养需要量标准，并结合实际的养殖效果确定出日粮的营养浓度，至少要满足能量、蛋白质、钙、磷、食盐、赖氨酸和蛋氨酸这几个营养指标。同时要考虑到温、湿度、饲养管理条件、饲料资源及质量、虫子的健康状况等诸多因素的影响，对营养需要量标准灵活运用，合理调整。

2. 注意营养的全面和平衡

配合日粮时，不仅要考虑各营养物质的含量，还要考虑各营养素的全价性和平衡性，营养素的全价性即各营养物质之间（如能量与蛋白质、氨基酸与维生素、氨基酸与矿物质等）以及同类营养物质之间（如氨基酸与氨基酸、矿物质与矿物质）的相对平衡。因此，应注意饲料的多样化，尽量多用几种饲料原料进行配合，取长补短。这样有利于配制成营养完全的日粮，充分发挥各种饲料中蛋白质的互补作用，提高日粮的消化率和营养物质的利用率。

（二）经济原则

在黄粉虫的养殖生产中，饲料费用占很大的比例，一般要占养殖总成本的70％～80％。在配合饲料时，必须结合黄粉虫养殖的实际经验和当地的自然条件，因地制宜、就地取材，充分利用当地的饲料资源，制订出价格适宜的饲料配方。优选饲料配方要注意的是，既要保证营养能满足黄粉虫的需要，又要保证价格最优。也只有合理地选用饲料原料，正确地给出约束条件中各个限定值，才能实现配方的营养原则和经济原则。一般说来，利用本地饲料资源，可保证饲料来源充足，减少饲料运输费用，降低饲料生产成本。

在配方设计时，可根据不同的养殖方式设计不同营养水平的饲料配方，最大限度地节省成本。此外，开拓新的饲料资源也是降低成本的途径之一。

（三）卫生原则

在设计配方时，应充分考虑饲料的卫生安全要求。考虑营养指标的同时应注意饲料原料的卫生指标，所用的饲料原料应无毒、无害、无污染、未发霉。严重发霉变质的饲料应禁止使用。在饲料原料中，如玉米、米糠、花生饼、棉仁饼因脂肪含量高，容易发霉感染黄曲霉并产生黄曲霉毒素，损害肝脏，因此要尽可能地去脂后再利用。此外，还应注意所使用的原料是否受农药和其他有毒、有害物质的污染。

（四）安全原则

安全原则是指依所设计的饲料配方生产出来的产品，在黄粉虫的饲养实践中必须安全可靠。所选用原料中有毒有害物质含量不得超出允许限度，不影响饲料的适口性，在饲料与动物体内应有较好的稳定性，长期使用不产生急、慢性毒害等不良影响，不导致成虫生殖生理的改变或繁殖性能的损伤等。

（五）生理原则

科学的饲料配方，其所选用的饲料原料还应适合黄粉虫的食欲和消化生理特点，所以要考虑饲料原料的适口性、容积、调养性和消化性等。

（六）优选配方步骤

优选饲料配方主要步骤有确定饲料原料种类、确定营养指标、查营养成分表、确定饲料用量范围、查饲料原料价格、建立线性规划模型并计算结果、得到一个最优化的饲料配方。

二、原料的选择要求

为配制出高品质的配合饲料，在选择配合饲料的原料时应注意以下几个问题。

(1)饲料原料的营养价值　在配合饲料时必须详细了解各类饲料原料营养成分的含量,有条件时应进行实际测定。

(2)饲料原料的特性　配制饲料时还要注意饲料原料的有关特性。如适口性、饲料中有毒有害成分的含量、有无霉变、来源是否充足、价格是否合理等。

(3)饲料的组成　饲料的组成应坚持多样化的原则,这样可以发挥各种饲料原料之间的营养互补作用,如目前提倡多饼、多糠配合使用,以保证营养物质的完全平衡,提高饲料的利用率。

三、黄粉虫饲料的加工工艺

(一)配方设计

黄粉虫配合饲料的配方是根据黄粉虫的营养需求而设计的,同时根据黄粉虫的生理特性及各种原料的主要特点,在配方设计过程中应考虑动植物蛋白质的比例及蛋白质饲料与能量饲料的比例等要素。在黄粉虫的生长旺季,它的生命力也是最强的,新陈代谢也是最旺盛的,所以饲料配方中应增加一些高蛋白成分,如豆饼粕或鱼粉的比例要多一些。进入秋冬季节,黄粉虫需要消耗体内的营养来抵御低温,保持新陈代谢的正常进行,此时饲料配方中要多添加一些能补充热能的成分,如玉米、豌豆、小麦等能量饲料。

(二)加工设备

黄粉虫配合饲料的加工需要设备有:清杂设备、秸秆粉碎设备、秸秆发酵池、混合机械、制粒成型设备、微波烘干设备等。

(三)工艺流程

(1)原料清理　主要是清理原料中的各种杂质,包括麻绳、铁钉、石块、沙砾等,清理方法可根据设备具体而定。

(2)配料　严格按配方设计的比例,根据一次加工量的多少,准确称取各所需原料的量,进行精确配料。

(3)粉碎　饲料粉碎是配合饲料加工的重要工序,黄粉虫的饲料原料应80%通过100目分析筛;而且物料被粉碎时温度不能太高,否则饲料的营养成分会受到破坏。原料经粉碎后,使饲料暴露的表面积增大,以利于黄粉虫的消化和吸收,提高饲料的混合性及颗粒成型的能力。

(4)混合　在饲料加工工艺中,混合直接影响着饲料质量的好坏。在黄粉虫配合饲料生产过程中一般要经过两道混合工序:第一道混合工序是在粉碎以前对各种主要原料的混合,俗称为"粗混合";第二次混合是在饲料添加剂加入后的混合,俗称为"精混合"。

(5)制粒　在黄粉虫规模化养殖时,通常是将饲料加工成颗粒状,根据检测,颗粒饲料的含水量在10%以下,经过膨化时的瞬间高温,起到了消毒灭菌和杀死害虫的作用,而且高温可以帮助饲料中的淀粉糖化,有助于黄粉虫的消化吸收。对没有条件或不宜加工成颗粒饲料的原料,可将各种饲料原料及所需的各种添加剂多次混合均匀,加入15%左右的清水,再用力拌匀后,晾干备用。

饲料的粒度大小直接关系到黄粉虫的养殖效果,根据生产要求,通常可以将颗粒饲料按低龄幼虫、中龄幼虫、大龄幼虫和成虫的饲料分别加工,它们的粒度也有一定的区别。低龄幼虫的饲料粒度为0.4 mm以下,中龄幼虫的饲料粒度为0.5～0.8 mm,大龄幼虫的饲料粒度为0.8～1.5 mm,成虫的饲料粒度为2～4 mm,这种粒度要求是非常便于不同时期黄粉虫取食要求的。另外,饲料的硬度也有一定的要求,这就是说黏合剂的添加量要适度,由于黄粉虫为咀嚼式口器,对那些过硬的饲料不是太适应,尤其是低龄幼虫和中龄幼虫的口器不如成虫和大龄幼虫坚硬,消化系统也相应较弱,饲料硬度以柔软、疏松、膨酥为宜,要求黏合剂的量要少一些。集卵饲料由于是刚孵化的幼虫所用,更应该细腻且适度糖化较为合适。

(6)包装、贮藏　加工后的配合饲料经过滤筛先除去碎渣和粉末后，就可以包装后贮藏或直接饲用。贮藏要注意通风，防潮避光，必要时在饲料生产时加入适量的抗氧化剂和防霉剂。对发霉或生虫的饲料要及时晾晒，或放在微波设备中在70℃的情况下烘干15 min左右。既可解决饲料霉变和生虫的情况，又能有效地杀死饲料中的有害虫卵。

四、黄粉虫饲料的质量评定

由于黄粉虫的配合饲料没有统一的标准，我们很难对黄粉虫配合料进行全面正确的评价，因此仅以部分企业间的行业标准进行定性评价。

(1)感官　要色泽一致，无发霉变质、结块和异味。

(2)水分　水分不高于10%，适口性要良好，具有一定的弹性，如果饲料水分过高，超过12%时，当它与虫粪混合在一起时极易发生霉变，黄粉虫摄食了这种霉变饲料后，幼虫容易患病，蜕皮不顺，成活率低，蛹期不能正常羽化，即使羽化了，成活率也极低，成虫则会导致繁殖能力下降，产卵量极低。所以要严格控制饲料的含水量。

第三节　配合饲料的配方介绍

我国各地养殖黄粉虫的养殖户相当多，加上全国各地的饲料原料也不尽相同，所以各地开发出的饲料配方也比较多，在本书里，我们做了大量的工作，收集了全国各地众多行之有效的饲料配方，以帮助读者朋友，但是各地的养殖户朋友还是要根据本地的优势资源，按虫体生长状况和饲料来源以及经济状况，灵活掌握，自行调整，不可生搬硬套、固守一方。

一、幼虫配合饲料的配方

配方 1：麦麸 70%、玉米粉 24%、大豆粉 5%、食盐 0.5%、饲料复合维生素 0.5%。

配方 2：麦麸 40%、玉米粉 40%、豆饼 18%、饲用复合维生素 0.5%、混合盐 1.5%。

配方 3：麦麸 70%、玉米粉 20%、大豆 9%、饲用复合维生素 1%。

配方 4：麦麸 40%、玉米麸 40%、豆饼 20%、复合维生素 1%、混合盐 1.5%。

配方 5：麦麸 70%、玉米粉 25%、大豆 4.5%、饲用复合维生素 0.5%。若加喂青菜，可减少麦麸或其他的饲料中的水分。

配方 6：麸皮 70%，玉米粉 20%、芝麻饼 9%、鱼骨粉 1%。加开水拌匀成团，压成小饼状，晾晒后使用。

配方 7：高纤维素农林副产品，如木屑、麦草、稻草、玉米秸、树叶等，经发酵处理后可用来饲养幼虫。

配方 8：麦麸 100 g、葡萄糖 20 g、胆固醇 0.5 g、氯化胆碱 0.02 g、核黄素 0.5 mg、水 40 mL。

配方 9：鱼粉 20%、豆粕 56%、酵母 3%、麦麸 17%、矿物质 1%、其他添加剂 3%。

配方 10：鱼粉 17%、啤酒酵母 2%、玉米粉 78%、血粉 1%、复合维生素 1%、矿物质添加剂 1%。

配方 11：鱼粉 10%、蚕豆粉 35%、血粉 1%、啤酒酵母 2%、玉米粉 50%、复合维生素 1%、矿物质 1%。

配方 12：血粉 5%、大豆饼 35%、玉米淀粉 33%、小麦粉 25%、生长素 1%、矿物质添加剂 1%。

配方 13：EM 原露 100 g、红糖 100 g、水 15 kg、干燥的青饲料 50 kg。将配制好的液体均匀洒于饲料中，并搅拌均匀，装入塑料袋、桶、缸等容器中，或用薄膜覆盖均可，压实密封。发酵 4～10 d

即可作为饲料喂养黄粉虫。

配方 14：麦麸 35％、玉米粉 40％、豆饼 24.5％、饲用复合维生素 0.5％。

配方 15：苏丹草粉 25％、玉米粉 46％、豆饼 27％、饲用复合维生素 0.5％、混合盐 1.5％。

配方 16：麦麸 40％、黑麦草粉 30％、豆饼 28％、其他矿物质 2％。

配方 17：麦麸 80％、玉米粉 10％、豆饼 9％、饲用复合维生素 1％。

配方 18：麦麸 80％、玉米粉 10％、豆饼 10％。

配方 19：麦麸 45％、米糠 45％、鱼粉 10％、添加少量的复合维生素。

配方 20：麦麸 90％、玉米粉 5％、豆饼 4.5％、混合盐 0.5％。

二、成虫配合饲料的配方

配方 1：麦麸 45％、玉米粉 35％、豆饼 18％、食盐 1.5％、饲用复合维生素 0.5％。

配方 2：麦麸 80％、玉米粉 10％、花生饼 9％、其他（包括多种维生素、矿物质粉、土霉素）1％。

配方 3：麦麸 60％、碎米糠 20％、玉米粉 10％、豆饼 9％、其他 1％。

配方 4：麦麸 40％、玉米粉 40％、豆饼 18％、饲用复合维生素 0.5％、混合盐 1.5％。

配方 5：花生麸 38％、玉米麸 40％、豆饼 20％、复合维生素 1％、混合盐 1.5％。

配方 6：麦麸 50％、豆粕 34％、玉米粉 10％、芝麻粉 5％、其他 1％。

配方 7：麸皮 80％、玉米粉 10％、芝麻饼 9％、鱼骨粉 1％。

配方 8：麸皮 70％、玉米粉 20％、芝麻饼 9％、鱼骨粉 1％。

配方9:劣质麦粉95%、食糖2%、蜂王浆0.2%、复合维生素0.4%、饲用混合盐2.4%。

配方10:鱼粉13%、玉米粉42%、大豆粉36%、啤酒酵母3%、维生素添加剂2%、矿物质添加剂3%、食盐1%。

配方11:鱼粉5%、麦麸72%、大豆蛋白4.4%、啤酒酵母3%、玉米粉12%、氯化胆碱(含量为50%)0.3%、维生素添加剂1%、矿物质添加剂2.3%。

配方12:花生麸45%、玉米麸38%、豆饼15%、复合维生素1%、混合盐1%。

配方13:麦麸38%、米糠44%、鱼粉17%、复合维生素1%。

配方14:花生麸10%、麦麸2%、豆粕80%、鱼粉4%、食糖2%、复合维生素0.8%、混合盐1.2%。

配方15:麦麸15%、大豆粉3%、复合维生素1%、豆粕81%。

配方16:麦麸10%、花生粉43%、蚕豆粉45%、复合维生素1.2%、混合盐0.8%。

配方17:麦麸20%、玉米粉4%、大豆3 %、食糖3.5%、复合维生素0.5%、酒糟69%。

配方18:麦麸25%、鱼粉4%、玉米粉4%、食糖4%、复合维生素1.2%、混合盐0.8%、酒糟59%。

配方19:麦麸20%、鱼粉5.5%、食糖4.5%、复合维生素1.2%、混合盐0.8%、果渣68%。

配方20:花生麸10%、玉米粉5.5%、复合维生素1%、果渣83.5%。

三、产卵成虫配合饲料的配方

配方1:麦麸75%、鱼粉5%、玉米粉15%、食糖3%、食盐1.2%、饲用复合维生素0.8%。

配方2:纯麦粉95%、食糖2%、蜂王浆0.2%、饲用复合维生素0.4%、混合盐2.4%。

配方 3：麦麸 70%、玉米粉 17%、鱼粉 6%、食糖 5%、复合维生素 0.8%、混合盐 1.2%。

配方 4：纯麦粉 80%、食糖 7%、玉米粉 10%、蜂王浆 0.2%、复合维生素 0.4%、饲用混合盐 2.4%。

配方 5：麦麸 75%、鱼粉 4%、玉米粉 15%、食糖 4%、饲用复合维生素 0.8%、混合盐 1.2%。

配方 6：麦麸 55%、土豆 30%、胡萝卜 13%、食糖 2%。

配方 7：麸皮 70%、玉米粉 25%、芝麻饼 9%、鱼骨粉 1%。

配方 8：玉米粉 100 g、麦麸 150 g、豆粕 15 g、酵母 15 g。

配方 9：花生麸 70%、玉米粉 13%、麦麸 12%、食糖 3%、复合维生素 0.8%、混合盐 1.2%。

配方 10：花生麸 80%、豆粕 12%、鱼粉 5%、食糖 3%。

第四节　饲料的投喂

少量养殖黄粉虫时，对投喂工作也没有太多的讲究，只要是看到食物少了及时添加就可以了，但是在规模化养殖时就要讲究经济账，毕竟规模化养殖时是大批量投喂的配合饲料，而且饲料的成本占所有养殖成本的 70%以上，所以，作为养殖者就不能不算好这笔账了，这就涉及到科学投喂的问题了。

第一是饲料投喂最好采用配合饲料。实践证明，在喂养中，使用混合饲料生长较快，喂单一饲料时生长较慢，还会导致品种退化。

第二是饲料投喂最好采用多品种投喂。养殖中，不论是幼虫还是成虫，一定要给予 2 种以上饲料原料制成的混合饲料，不可单喂一种饲料，这样才能满足黄粉虫生长发育繁殖所需要的各种营养物质，保证其正常生长发育和繁殖。在生产过程中，我们也不难发现，如果长期饲喂一种饲料，不论这种饲料营养有多高，都会导致黄粉虫发生厌食或少食、营养不良、慵懒少动、多病和死亡率增高等现象。最终的结果是导致黄粉虫得不到足够的营养物质，仅能维持生命，生长发育受阻，成虫产卵量明显减少或提前结束产卵期，繁殖力下降，幼虫生长缓慢、体色变暗、个体变小或大小不均衡，影响产品质量。有的养殖户因长期单一喂青菜，将黄粉虫变成了"菜青虫"，结果发生了大量死亡的现象。

第三是不同的季节投喂时有一定的差异性。根据进食情况，一般在夏季高温时生产快速，每天早晚喂食1或2次即可，每次投喂量要适当，以在第二次投喂时基本无剩余为宜。在夏季若是有充足的青饲料及瓜果皮等，只投干饲料也可。在冬季因温度低，黄粉虫吃食要少一些，消化能力也差一些，可三五天投食1次。在冬季因温度低时食量少，也可单用麦麸喂养，或加适量玉米粉。因黄粉虫食性较杂，除了饲喂麦麸外，尚需补充蔬菜叶或瓜果皮，以及补充水分和维生素C，但这时候的青菜不要投喂太多。

第四是防止饲料污染。若在市场购买青菜饲料，为防止农药危害黄粉虫，一定要经清洗浸泡2 h左右再投喂，虽然黄粉虫很少有病害，但决不能投放发霉的物质。

第五章　黄粉虫的引种与繁殖

第一节　黄粉虫的引种

在黄粉虫的养殖中，虫种品种的选择是非常重要的，这是因为长期以来，一些供种单位基本上是采取封闭式养殖，他们提供的虫种有许多都是近亲交配、数代混合饲养，虫种已经出现严重的退化现象，这种退化现象主要表现在虫子的活动能力低下、生长缓慢、个体小、抵抗疾病的能力较低、食欲不振、繁殖能力急剧下降等。根据了解，有的养殖户引进了不好的虫种，结果虫子养殖了一个夏季和一个秋季，个体仍然较小，总是不化蛹，这将会结养殖带来毁灭性的打击，所以说，在人工规模化养殖时一定要做好优质虫种的引进。

一、老熟幼虫的特点

3 个月以上的老熟幼虫食欲较差，在将要化蛹时，活跃的幼虫均分布在四周，而即将化蛹的都处于饲养箱的中央不动。此时的老熟幼虫对温、湿度要求相对不高，因此，在引种回去之后，应少加麦麸，以薄为好，勤喂勤观察，喂菜时，要把菜放在四周。

二、引种前的准备工作

黄粉虫的繁殖肯定是在室内进行的，根据种虫的生长特点和生活习性，它对环境要求不高，因此旧仓库、厂房、地下室均可，但要求通风良好、安静，饲养前要对旧房进行消毒处理，以防敌害主要是蛇、鼠、蚁的侵袭。

三、种虫与商品虫的区别

种虫个体健壮，活动迅速，体态丰满，色泽光亮，大小基本均匀，成活率高。而商品虫个体明显瘦小，色泽乌暗，大小参差不齐，成活率低，产量达不到要求。

四、科学引种

一些不法商人和不法企业利用广大养殖户想养殖黄粉虫来获取高利润的心理，常常用劣质的商品虫来冒充种虫出卖高价，有时并允以产品回收的幌子来坑害、蒙骗养殖户。他们的骗术主要有4种：一是某些行骗公司挂靠科研机构，租机关单位场地做临时营业场所，其实与这些单位没有任何关系，一旦有些养殖户要求看现场或看生产设施，他们就会带养殖户到这些与他们没有关系的地方指手画脚，乱说一通，说这是他们的科研部门，这是他们的场地，从而达到“拉虎皮做大旗”的目的；二是虚假广告的诱惑力，有些养殖户朋友轻信某些广告上的说辞，这些广告把黄粉虫养殖说成是没有任何风险、一本万利的最佳致富项目，而这些养殖户朋友往往怀着急于脱贫的心理，因此就会误入圈套；三是合同欺诈，这些坑人单位为了达到卖种虫的目的，还会佯装和你签产品回收的合同，这些表面看来确有赚头，可是合同中早已埋下“地雷”，主要一条就是将回收条件订得十分苛刻，价格压得极低，养殖户朋友很难达到这种产品的要求，因此可以这样说，这种合同就是一纸空文，对坑人单位没有任何约束力，但对养殖户而言，却被视为可望而不可即的水中月、镜中花；四是打一枪换一个地方，这些单位和个人十分了解黄粉虫养殖的周期，通常在产品回收的周期到来之前，会突然消失，或者往往还未到回报期，那些公司就携款而逃，他们会改头换面在另一个地方重新做广告，重新坑人，而受骗的养殖户往往有冤无处诉。天下没有永赚不赔的买卖，要充分考虑黄粉虫养殖的风险，在引种时要提高警惕，签订合同前，进行必要的调查和咨询，了解经营者真实的情况，拜访以前成功的养殖者，向当地权威部门查询其可行性；合同签订后，最好到当地公证部门进行公证；发现自身合法权益受到侵害时，及时到当地消协投诉，依法维护自己的权益。

五、优良种虫的标准

根据一些专家长期研究的结果和生产实践中的经验，总结了优良种虫的标准主要有以下几条。

①虫体个体大，要比一般幼虫的个头大一点，在数字量化方面，要求达到 3 500～4 000 条/kg。

②生活力要强，这是决定将来产卵量多少的基本要求，在投喂时要求不挑食，爬行迅速，运行活跃，黑暗的养殖环境中不停地活动，如果把虫子放在手心时，会迅速爬动，爬动会让人感到手心有明显痒痒的感觉。

③形体健壮，色泽金黄，体表发亮，充实饱满，体壁光滑有弹性，腹面白色明显，在优质后代中选择更优质的老熟幼虫，即可避免种虫退化。

④规格要大，个头要大，通常作为种虫的黄粉虫要求它们的体长在 3 cm 以上，具有生长速度快的优势，总体看群体大小要一致、发育要整齐。

⑤群体的雌雄比例为 1∶1 较为合适。

⑥考察群体以前的繁殖量，如果每代繁殖量在 280 倍左右即为一等种虫，也是养殖户优先选择的种虫。如果每代繁殖量在 220 倍左右，即为二等种虫，对引种的养殖户而言，这也是不错的选择。如果每代繁殖量在 120 倍左右，即为三等种虫，对引种的养殖户而言，选上这些种虫，只能是无奈的选择，但如果回去加以淘

汰、提纯复壮,效果还可以。如果每代繁殖量在90倍以下,就算是不合格种虫,对引种的养殖户而言,这是绝对不能接受的。

⑦观察化蛹率,好的种虫产出的卵,经过一定时间养殖后,在一个世代中,它们的化蛹病残率应低于5%,羽化病残率应低于8%。

六、优质虫种介绍

在饲养生产的初始阶段,应直接选择专业化培育的优质品种,如山东农业大学昆虫研究所已经培育出GH-1、GH-2、HH-1等几个品种,就是长期研究、提纯、复壮和杂交选育的成果,分别适宜于不同地区及饲料主料,可选择利用。

第二节　黄粉虫的繁殖

一、繁殖设施

黄粉虫的繁殖设施很简单,主要是产卵筛,供成虫养殖和采卵用,同时又是分离虫卵、虫体及饵料的工具。产卵筛的筛筐为50 cm×50 cm×10 cm。筐内壁要磨光滑,以防虫外爬。筛底部钉30目铁纱网,网下缘钉上0.3 cm的方木条,贴上稍厚的产卵纸。产卵筛上口大、下口小,以使两筛上下扣紧,便于多层饲养。最上层产卵筛口盖上30目铁纱网,筛除虫粪和以防外逃用。

饲养架和养虫架也是必不可少的,为分层框架,主要是用来放置产卵筛。

产卵器具的放置:黄粉虫喜欢在暗处产卵,不要让强烈的光线刺激它,以利于生长繁殖。因此,要把产卵器具放在光线暗的地方,或用黑布遮挡,或放入暗室。黄粉虫产卵时,是在产卵筛里进行,雌虫将很尖的尾部产卵器官向下并对准网目将卵产在接卵纸上,产卵器具上层为产卵筛,中层为接卵纸,底层为产卵筛外套。

二、黄粉虫的雌雄鉴别

黄粉虫雌雄区分也很简单，主要是看两点：一点是个体大小，另一点就是看产卵器。根据解剖观察发现，雄虫个体较小、细长，尾部无产卵器；雌虫个体较肥大，尾部很尖细，有产卵器，且向下垂，能伸出甲壳外，此时在生理上已经成熟，进入繁殖期。

三、黄粉虫的繁殖要点

1. 亲本养殖

优良品种的繁殖应与生产商品虫的养殖分开，饲养亲本的任务是使成虫产下大量的虫卵，在此期间需要补充较好的营养，提供一个黑暗而宽松的环境，种群密度不宜过大。将成虫同日羽化的单养在产卵箱里，产卵箱为规格 60 cm×40 cm×15 cm 的木箱，按每箱投放 1 500～1 800 条成虫的密度放养，产卵箱内壁要用塑料薄膜钉好，以免成虫外爬和产卵不定位，在底层装一块塑料窗纱或筛绢，供产卵用。使卵及时漏下去，不至于被成虫吃掉，纱网下面接一张接卵纸，以便于集中收集卵粒。在成虫饲养过程中，要多投喂麸皮、配合饲料及菜叶，使成虫分散隐蔽在叶子下面，保持较稳定的温度。然后再按照温度和湿度盖上白菜，如果温度高、湿度低时多盖一些，蔬菜主要是提供水分和增加维生素，随吃随加、不可过量，以免湿度过大菜叶腐烂，致使成虫容易生病，降低产卵量。优良品种的成虫饲料应营养丰富，蛋白质、维生素和无机盐要充足，必要时可加入蜂王浆。饲料含水量控制在 10%左右，成虫在生长期间不断进食、不断产卵，所以每天要投料 1 或 2 次。为保持湿度和饲料含水量，还可适量洒水和投放菜叶。

2. 交配、产卵与收卵

黄粉虫成虫虽然有翅，但绝大多数不飞跃，即使个别的飞跃，也飞不远。黄粉虫在繁殖期雌雄比一般为 1∶1，成虫羽化后经过

4～5 d 开始交配产卵，具有多次交配、多次产卵的行为，交尾后1～2个月内是产卵高峰期，交尾时间是晚上 8:00 至凌晨 2:00。成虫通过筛孔将绝大部分卵产于产卵纸上，少量卵黏于饲料中，这样可最大限度地预防成虫吃卵。在这段时间里要及时取出产卵纸，并换上新的产卵纸，每隔 1～3 d 筛出残料，虫粪和黏于其中的卵连同更换下的产卵纸移入空养虫箱中，撒入一层新料，标好产卵日期，把同一天取出的卵粒放在一起进行孵化后饲养。成虫产卵 2 个月后，雌虫会逐渐因衰老而死亡，未死亡的雌虫产卵量也显著下降，因而饲养 2 个月后就要把成虫全部淘汰，以免浪费饲料和占用产卵箱，提高生产效益，方法是将成虫用沸水烫死，烘干供制虫粉用。每箱可采黄粉虫卵 1.8 万～2.2 万粒，约可供扩种 100 箱的种虫。

3. 孵化

研究表明，卵的孵化与温度和湿度有极大的关系。所以说繁殖期是管理的重要时期，卵的孵化时间随温度高低差异很大，温度降低则延迟孵化，温度如果在 15℃以下，虫卵基本不会孵化，在 15～18℃时，需 20～25 d 即可孵出；25～30℃时，只需 3～5 d 即可孵出，这时取出乳白色幼虫，转入幼虫期的养殖。为了缩短孵化时间，尽可能保持室内温暖。如果温度控制不好，就会导致虫卵发霉而死亡，湿度过小也会因干燥而死亡。因此，产卵期间要将室温控制在 23～28℃，相对湿度为 65%～70%，虫卵的孵化率可达 99%。

第六章　黄粉虫的病害防治

第一节　黄粉虫的疾病

黄粉虫抗病能力强，一般不会患上疾病，但是如果管理不当或环境突变时也会出现疾病，以干枯病、软腐病较为常见。

一、干枯病

(1)发病原因　主要是气温偏高、空气太干燥或饲料过干、饲料中的青饲料太少，使黄粉虫体内严重缺水而导致该病发生。

(2)发生季节　此病多发于冬天用煤炉加温时，或者在高温干燥的夏季，数天温度超过 35℃且无雨的日子里。

(3)病症特征　虫体患病后，病虫虫体瘦小僵直，先从头部和尾部发生干枯，再慢慢发展到全身干枯、发黑而死亡。幼虫与蛹患干枯病后，根据虫体变质与否，又可分为“黄枯”与“黑枯”两种。“黄枯”是死虫体色发黄而未变质的枯死，“黑枯”是死虫已经变质，体色发黑的枯死。

(4)防治方法　主要措施是改善饲养条件，及时多投喂一些青菜叶，以及时补充体内的各种维生素，在饲料中添加酵母粉及土霉素粉。空气干燥季节或酷暑高温的夏季，在地面上洒水或设水盆降温，同时应将饲养箱放至较凉爽通风的场所，或打开门窗通风，同时要把当天没有吃完的鲜饲料捡出来，防止饲料腐烂促进病菌的滋生。在冬季用煤炉加温时，要经常用温湿度表测量饲养室的空气湿度，一旦低于 55%，就要向地上洒水增湿，或加大饲料中的水分，或多给青饲料。另外对干枯而死的黄粉虫，要及时拣出扔掉，防止健康虫吞吃生病。

二、软腐病（腐烂病）

（1）发病原因　饲养场所或室内空气潮湿，湿度过大，饲料过湿导致发霉变质，放养密度过大或在幼虫清粪及分箱过程中筛虫时用力幅度过大造成虫体受伤而被细菌感染，另外由于管理不好，粪便及饲料受到污染也能导致虫体之间的交叉感染发病。

（2）发生季节　本病多发于湿度大、温度低的梅雨季节，它是一种危害较为严重的疾病，也是夏季主要预防的疾病。

（3）病症特征　病原菌很可能是一种细菌，先期染病的病虫行动迟缓、食欲下降、产卵少，中期虫体变得柔软，颜色转为黑褐色，体内为褐色黏稠液体，粪便稀清且黑，后期严重的病虫身体渐渐变得黑、软、烂，最后虫体失水死亡。

（4）防治方法　病虫排的黑便具有强烈的传染性，会污染其他虫子，如不及时处理，会造成整箱虫子全部死亡。因此一旦发现软虫体要及时拿出隔离，清除残食，停止投放青绿饲料，清理病虫粪便，开门窗通风散潮，调节室内湿度，然后保持室内通风干燥。若连续阴雨室内湿度大、温度低时，可燃煤炉升温排潮，提供适宜的温度和湿度。保持合理的密度，发病后用 0.25 g 氯霉素或金霉素或土霉素拌麦麸或拌豆面或拌玉米面 250 g 投喂，待情况转好后再改为麸皮拌青料投饲。

三、黑头病

（1）发病原因　黄粉虫吃了自己的虫粪造成的，这与养殖户管理不当或不懂得养殖技术有关。通常是在虫粪未筛净时又投入了青饲料，导致虫粪与青饲料混合在一起，被黄粉虫误食而发病。

（2）发生季节　一年四季中均可发病，尤其夏季为主要发病季节。

(3)病症特征　发病的黄粉虫先从头部发病变黑,再逐渐蔓延到整个肢体而死。有的仅头部发黑就会死亡。

(4)防治方法　此病系人为造成,提高工作责任心或掌握饲养技术后就能避免。另外,死亡的黄粉虫已经变质,要及时拣出扔掉,防止被健康虫吞吃生病。

第二节　黄粉虫的敌害

黄粉虫的敌害较多,但主要是螨虫、蚂蚁和老鼠等。

一、螨虫

危害黄粉虫的螨虫主要是粉螨,俗称"糠虱"、"白虱"、"虱子"。螨虫的成虫体长不到 1 mm,全身柔软,呈拱弧形,灰白色,半透明有光泽。全身表面生有若干刚毛,有足 4 对。幼螨具足 3 对,长到若螨时具足 4 对,若螨与成螨极相似。高温、高湿及大量食物是螨虫生长的环境与物质条件,在这种条件下螨虫每 15 d 左右发生一代,每头雌螨能产卵 200 粒,可见其繁殖力之强。

(1)发病原因　饵料带螨卵是螨害发生的主要原因。据昆虫专家介绍,螨虫在米糠、麦麸中很容易滋生,使饲料变质。如果把带有螨虫的米糠和麦麸作为饲料投喂时被带入饲养箱内,在高温、高湿的适宜环境条件下,又有丰富的营养,螨虫繁殖力又极强,能在短时间内繁殖发展、蔓延到全部饲养箱中。

(2)发生季节　一般在 7～9 月份高温、高湿的夏秋季节为主要发病时间。

(3)病症特征　螨虫一般生活在饲料的表面,可发现集群的、白色的、蠕动的螨虫,寄生于已经变质的饲料和腐烂的虫体内,螨类对黄粉虫危害很大,它们取食黄粉虫卵,叮咬或吃掉弱小幼虫和正在蜕皮中的幼虫,污染饲料。即使不能吃掉黄粉虫,它们一方面竞争取食麦麸影响幼虫的生长,另一方面会叮在幼虫身上,会搅扰得虫子日夜不得安宁,使虫体受到侵害而日趋衰弱,生长迟缓,孵化率低,繁殖力减弱,食欲不振而陆续死亡。

(4)防治方法　防治螨虫有以下几点注意事项。

第一是要选择健康种虫,在选择种虫时,应选活性强、不带病的个体。

第二是防止病从口入,严防饲料带螨。对于黄粉虫饵料,应该无杂虫、无霉变,在梅雨季节要密封贮存,米糠、麸皮、土杂粮面、粗玉米面最好先曝晒消毒,待晾干后再投喂,有条件的还可将糠、麸隔水蒸 20 min 消毒。另外一点也不能忽视,掺在饵料中的果皮、蔬菜、野菜不可过湿,否则夏季气温太高易导致其腐败变质。还要及时清除虫粪、残食及杂物,保持食盘的清洁和干燥,所投青料必须干爽,不得投喂过湿青料,保持饲养箱内的清洁和干燥。如果发现饲料带螨,可移至太阳下晒 15～20 min(饲料平摊开)即可以杀灭螨虫。加工饲料应经日晒或膨化、消毒、灭菌处理。或对麸皮、米糠、豆饼等饲料炒、烫、蒸、煮,熟后再投喂。饲养箱中麦麸添加数量不可过多。

第三是做好场地消毒,饲养场地及设备要定期喷洒杀菌剂及杀螨剂。一般用 0.1%的高锰酸钾溶液对饲养室、食盘、饮水器进行喷洒消毒杀螨。还可用 40%的三氯杀螨醇 1 000 倍溶液喷洒饲养场所,如墙角、饲养箱、喂虫器皿,或者直接喷洒在饲料上,杀螨效果可达到 80%～95%。也可用 40%三氯杀螨醇乳油稀释 1 000～1 500倍液,喷雾地面,切不可过湿。一般 7 d 喷 1 次,连喷 2～3 次,效果较好。

第四就是用各种方法来诱杀螨虫。方法一是将油炸的鸡、鱼骨头放入饲养池,或用草绳浸米泔水,晾干后再放入池内诱杀螨类,每隔 2 h 取出用火焚烧。也可用煮过的骨头或油条用纱网包缠后放在盆中，数小时将附有螨虫的骨头或油条上拿出扔掉即可，能诱杀 90%以上的螨虫。方法二是把纱布平放在池面，上面放半干半湿半混有鸡、鸭粪的营养土，再加入一些炒香的豆饼、菜籽饼等，厚 1～2 cm，螨虫嗅到香味，会穿过纱布进入取食。1～2 d 后取出，可诱到大量的螨虫。或把麸皮泡制后捏成直径 1～2 cm 的小团，白天分几处放置在营养土表面，螨虫会蜂拥而上吞食。过 1～2 h再把麸团连螨虫一起取出，连续多次可除去 70%的螨虫。

第五就是调节好室内空气湿度，在夏季高温干燥时要保持室内空气流通，防止食物带螨，要注意降温、增湿，加强空气流通，饲料含水量可大些，并投喂一些青饲料，降低饲养密度。

第六就是科学养虫，这是最好的方法，是杜绝螨害发生的有效途径。对于天气潮湿的地区要适当增加筛粪次数，要 1 d 或 2 d 喂料 1 次，以养殖箱中略有剩余为好，这样也可以减轻黄粉虫发病。每批次养殖结束后，要进行场所、养殖器皿的消毒，可用 0.5%～1.5%的高锰酸钾溶液，喷洒物体表面消毒，也可用漂白粉、福尔马林溶液等消毒药物。

二、蚁害

(1)发病原因　主要是有蚂蚁进入养殖场所。

(2)发生季节　一般在多雨潮湿的夏季易发生。

(3)病症特征　蚂蚁很容易钻进饲养室，可把死虫活虫抬走，导致损失。

(4)防治方法　有 4 种方法。

第一是用清水隔离法驱蚁。用箱、盆等用具饲养黄粉虫时，把支撑箱、盆的 4 条短腿各放入 1 个能盛水的容器内，再把容器加满清水。只要容器内保持一定的水面，蚂蚁就不会侵染黄粉虫。

第二是用生石灰或草木灰驱避蚂蚁法。可在养殖黄粉虫的缸、池、盆等器具四周，每平方米均匀撒施 2～3 kg 生石灰或草木灰，并保持生石灰的环形直径在 20～30 cm，利用生石灰的腐蚀性，对蚂蚁有驱避作用，并且蚂蚁触及生石灰后，体表会粘上生石灰而感到不适，使蚂蚁不敢去袭击黄粉虫。

第三是用毒饵诱杀蚂蚁法。取硼砂 50 g、白糖 400 g、水 800 g，充分溶解后，分装在小器皿内，并放在蚂蚁经常出没的地方，蚂蚁闻到白糖味时，极喜欢前来吸吮白糖液，而导致中毒死亡。

第四是生物防蚁法。利用蚂蚁惧怕西红柿秧气味的特点，将藤秧切碎撒在养殖池周围，可防止侵入。

三、鼠害

(1)发病原因　老鼠进入养殖场所。对于黄粉虫来说，老鼠可以说是最难防的天敌。老鼠既能爬高，又会钻洞，无孔不入。进入饲养室后，会在房顶做窝，伺机侵入食盒中吞食黄粉虫或麦麸，而且食量大，危害严重。因此，养殖户要特别注意观察，以免老鼠侵入饲养室，造成损失。

(2)发生季节　一年四季均可发生鼠害。

(3)病症特征　直接吞食黄粉虫，有时还会传染病菌。根据调查，一只老鼠每晚可吃掉幼虫 100 条以上。

(4)防治方法　防治蚁害有以下几点注意事项。

第一是将室内墙壁角落夯实，不留孔洞缝隙，出入的门要严密，以免老鼠入内，发现老鼠粪便要及时检查鼠洞，扑灭和堵洞。门、窗和饲养盆加封铁窗纱，经常打扫饲养室，清除污物垃圾等，使老鼠无藏身之地。

第二是一旦发现可用人工捕杀，用电猫或家猫捕鼠，或用鼠夹和药物毒杀。若老鼠实在难防，就要以充足的饲料来防鼠。据有关专家的观察，若麦麸等饲料充足，老鼠一般只吃粮食，不吃黄粉虫。若没有麦麸，则侵害黄粉虫。

四、其他的虫害、敌害

黄粉虫养殖的其他虫害还有蟑螂、米象及米蛾的幼虫，它们同黄粉虫争食饲料、争夺生存空间，在以麦麸、糠麸为主要饲料的饲养箱内，往往形成一团一团的糠团，一旦发现后要及时清除。

黄粉虫养殖的其他敌害还有蟾蜍、苍蝇、壁虎、鸡、鸭、鹅和犬，在庭院养殖或暂养以及用大棚养殖时尤其要加以注意和防范。

第三节　有害物质及其防范

在黄粉虫养殖中，不但要时时防范它的病害、虫害和敌害，还要防止一些人为造成的有害物质对它的伤害。如黄粉虫对油漆等有机溶剂、汽油等挥发性物质，苯甲酸钠等防腐剂十分敏感，一些养殖户在具体的操作过程中往往有意无意间忽略了这一点，从而造成一些不必要的损失，根据我们的观察认为，这些人为的有害物质主要来源于饲养箱材料污染、室内涂料污染以及饲料污染。

一、饲养箱材料污染

我们许多养殖户在制作饲养箱时，都喜欢用一些新的材料来制作，新的木材中本身会含有一些挥发性物质，如松木会发出松子的味道、樟木会发出驱蚊虫的特殊气味、檀木也会发出特殊的味道，这些味道对木材本身来说是有作用的，它们主要是用这些味道来驱虫防腐的，所以说它们含有的这些挥发性物质就是天然的防虫物质，作为黄粉虫被这些物质所毒杀也就不足为奇了。

还有一种情况就是现在的密度板、木工板、三合板、纤维板、胶合板以及其他形式的板材中均含有不同程度的杀虫剂、防腐剂和添加剂，这些物质有时对黄粉虫养殖可以说是致命的。

预防方法很简单，在制作木质饲养箱时，最好选用旧的实木材料或旧的加工板材，因为经过长时间日晒雨淋的旧材料，它们的挥发性物质会大大降低。

二、室内装修造成的污染

这种情况发生时可以分为 2 种类型：一种类型是许多小规模养殖者喜欢把黄粉虫养殖在家中，在家中往往有一些家具等，这些家具无论是买的还是自制的，都或多或少地进行一些装修，这些装修材料会影响黄粉虫的生长。另一种类型是主要的污染源，许多规模化养殖场在养殖前都要对养殖场所进行一次彻底的整治，除除草、打扫卫生、对墙壁进行粉刷、对饲养箱和饲养架进行油漆等处理，其实这些材料中本身就含有一些有害物质，如几乎所有的油漆和涂料都含有甲醛。由于黄粉虫对它们的敏感性极强，非常容易受到伤害。

预防方法就是减少这些物质对黄粉虫的伤害，一是每天都打开窗户及时通风、更换新鲜空气；二是不要立即把虫子放入装修过的房屋，要等气味散尽后方可放入虫子，在此期间，可以先在房间内摆放一些污染指示花卉，如滴水观音等，最好的方法还是经相关检测达到安全使用浓度后再进行黄粉虫的养殖。

三、饲料造成的污染

通过喂养的饲料对黄粉虫造成的损失可以说是无意的，但往往却是在不经意间给予黄粉虫以致命的打击，有时对大的规模化养殖场来说，这种打击具有毁灭性，这是由于饲料带有毒性，往往是不能人为察觉的，人们用它来饲喂黄粉虫，实际上就是在慢慢毒杀黄粉虫。

饲料污染一般是用 3 种情况造成的：首先就是所购的饲料本身含毒，为什么这样说呢？这是因为一些种植区有一些疾病，必须通过喷打药物才能防治，由于药物喷打的浓度高、收割时间又短，导致部分药物残留在小麦、稻谷等这些饲料源上。其次是饲料加工前或加工后受到防虫防腐剂的污染，主要是饲料储藏在仓库中，仓库中会有各种虫害和敌害，为了防范这些虫害和敌害，仓库管理人员会用各种有效的、致命的杀虫剂喷杀，这些杀虫剂和药物主要有磷化锌、磷化铝等，它们会在喷洒过程中形成雾状颗粒，富集在饲料表面，在用这些饲料喂虫时，就会造成人为的中毒事故。在利用储存的饲料时，应了解一下仓库中最近是否用过药，最后一次用药的时间是何时？这些药物的安全期限和安全浓度是多少？一定要等到药物过了有效期后再投喂。另外从外面购进的饲料，最好先搁置 20 d 左右，待可能残存的农药药性完全消失后再投喂。再次就是青绿饲料携带农药，这主要是菜农为了防治蔬菜害虫或自己家的蔬菜生了虫，就会使用一些杀虫类的农药，一些养殖户一不小心就会用这种带药的菜叶来喂黄粉虫，最后造成黄粉虫大量死亡，这些问题是许多养殖户都可能遇到的，一定要注意防范。

第七章　黄粉虫的利用

可以说黄粉虫全身都是宝，用途极为广泛。根据现在的科技条件，目前已形成食品、饲料、肥料、菜品、能源、环保等 6 项产业。

一、黄粉虫作为科学试验材料

由于黄粉虫饲养方便，简单易得，在 20 世纪 60 年代末期，有关科研人员就开始选择黄粉虫作为教学、科研的试验材料。在教学方面主要利用黄粉虫的活体来演示节肢动物的循环系统和血液的循环过程，具有直观性强的优点，方便学生学习掌握这方面的内容要点。另外一些教师还利用黄粉虫来进行解剖，了解节肢动物的内部结构，通过观察黄粉虫的世代更替，来了解昆虫的生活史、变态发育史等。

在科研方面，主要是利用黄粉虫来提取一些生物酶和抗冻耐寒的基因，并将这种转基因应用于一些抗冻蔬菜、动物及有特殊功能的防冻液产品中，另外还可利用黄粉虫对一些昆虫做相关的药理、药效试验，以方便取得第一手资料。

二、黄粉虫作为饲料来源

黄粉虫的幼虫含蛋白质 48%～50%，干燥幼虫含蛋白质 70% 以上，蛹含蛋白质 55%～57%，成虫含蛋白质 60%～64%、脂肪 28%～30%、碳水化合物 3%，还含有磷、钾、铁、钠、镁、钙等常量元素和多种微量元素、维生素、酶类物质及动物生长必需的 16 种氨基酸。黄粉虫的营养成分很高，根据对黄粉虫幼虫干的分析，每 100 g 干品中，含氨基酸 847.91 mg，其中包含赖氨酸 5.72%、蛋氨酸 0.53%，这些营养成分居各类饲料之首。因此国内外许多著名动物园都用其作为繁养殖名贵珍禽、水产动物的饲料之一。另外幼虫干燥后可以代替高质量的鱼粉，不但能够替代进口优质鱼粉、肉骨粉作蛋白质饲料，而且是进行特种养殖的鲜活饲料、主体饲料。尤其是近年来研究开发利用较多，比较成功的是利用黄粉虫养殖蝎、蜘蛛、蛤蚧、龟、蛙、鸟、黄鳝等。

如用黄粉虫作食料来喂养蛋鸡，能够加快蛋鸡的生长发育和提高繁殖率以及抗病能力；用黄粉虫来喂养雏鸡，成活率 95%以上；用来喂养产蛋鸡，它的产蛋率能提高 30%以上。

根据有关资料表明，我国部分水产研究所利用黄粉虫进行幼鱼苗培育，取得了显著的经济效益，幼鱼苗不仅生长快、成活率高，而且成本低、鱼群极易驯化、体色光亮、饵料系数低；利用黄粉虫饲养美国青蛙、鲤鱼等也取得了成功。由于黄粉虫体表有一层坚硬并带光泽的物质——几丁质，对鱼鳞的色泽和光亮度有明显的促进作用，同时发现利用黄粉虫喂鱼具有生长速度快、饲料系数低、水质污染轻的作用。

三、黄粉虫作为食品原料

黄粉虫的营养十分丰富，含有许多矿物质，其中钾、钙、镁、磷的含量明显高于猪、牛、羊等动物性食品。尤其是钾的含量是鸡蛋的 10 倍多、猪肉的 6 倍、牛肉的 6 倍、羊肉的 9 倍、鲤鱼肉的 2 倍、牛奶的 1.5 倍；钙的含量是鸡蛋的 3.5 倍、猪肉的 23 倍、牛肉的 23 倍、牛奶的 2.2 倍。具有提高人体免疫力、抗疲劳、延缓衰老、防皱、美容、养颜、降低血脂、增强体质、抗癌等功效。因此在许多地方尤其是国外已经被广泛开发出各种各样的食品，有黄粉虫罐头、黄粉虫保健品等，最常见的就是黄粉虫的菜肴，这些菜肴一方面是用幼虫制作的，业内人士称为虫菜；另一方面是用蛹制作的，业内人士称为蛹菜。

四、黄粉虫用于虫油开发

黄粉虫产业可以为我国开辟新的能源资源宝库。根据相关资料表明，黄粉虫含油量一般是29%，在我国，如果广为养殖黄粉虫的话，年产动物脂肪几千万吨，转化为生物柴油后将部分缓解我国能源紧张的状况。

五、黄粉虫深加工

利用黄粉虫进行深加工，主要是为了提取壳多糖、几丁质、变压器用油、高级食用油、溶菌酶等。

六、黄粉虫的利用

(1)直接利用　当黄粉虫达到2～3 cm时，除筛选留足良种外，无论幼虫、蛹、还是成虫，均可作为活饵料和干饲料。幼虫从孵化到化蛹约为3个月，此期内虫的个体由几毫米长到3 cm多，均可直接作为活饵料投喂家禽和特种水产动物，也可将生产过剩的黄粉虫烘干保存或磨成粉或浆后，拌入饲料中投喂。

(2)虫粉　将鲜虫放入锅内炒干或将鲜虫放入水中煮(1～2 min)后捞出，置通风处晾干，也可放入烘干室内烘干，然后用粉碎机粉碎即成虫粉。其饲用价值及营养成分完全可以取代价格昂贵的进口鱼粉。

(3)虫浆　把鲜虫直接放在磨浆机内磨成浆，然后，再将虫浆拌入饲料中使用或把浆与饲料混合晾干备用。

(4)虫皮　虫皮可以提炼出用来做美容产品的物质。

七、虫粪利用

黄粉虫粪便极为干燥，没有异味，是世界上唯一的像细沙一样的粪便，所以又称为沙粪(也叫粪沙)，便于运输。黄粉虫的粪可作为饲料辅助添加剂，也可作为无公害名贵花卉专用肥和有机复合肥，可以有效地改善土壤结构、增肥地力、增加农作物产量、提高农产品品质，还能降低农业生产成本、促进种植业的发展。

此外，虫粪作为猪、鱼等的饲料成分，饲喂效果良好。根据测试，1 kg 虫粪的营养成分相当于 10 kg 家畜配合饲料，用虫粪喂猪、鱼、鸡、鸭等。比例是在禽畜饲料中加入 15%的虫粪。猪、鱼等吃后生长较快。

最后一点作用就是夏季运输黄粉虫时，放入虫粪有减少虫体间摩擦、降温作用，提高黄粉虫在运输中的成活率。

参考文献

[1] 王应昌,杜勤生.黄粉虫幼虫饲养及其加工利用效果研究.河南农业大学学报.1996,30(3):288-292.

[2] 王晓容,黄小丹.黄粉虫幼虫体中微量元素的测定.仲恺农业技术学院学报.1996,9(2):98-100.

[3] 叶兴乾,苏平,胡萃.黄粉虫主要营养成分的分析和评价.浙江农业大学学报.1997,23(5):35-38.

[4] 刘伯生.黄粉虫的喂养技术.饲料工业.1995,16(8):36-37.

[5] 刘伟强,罗来凌,黄炳南,等.黄粉虫幼虫营养成分分析.广东食品工业科技.1999(1):56-57.

[6] 张传溪,李宝娟,赵进.温度对黄粉虫成虫繁殖的影响.华东昆虫学报.1995,15(1):40-41.

[7] 杨冠煌主编.中国昆虫资源利用和产业化.北京:中国农业出版社,1998.

[8] 陆善旦.地鳖虫黄粉虫饲养技术.南宁:广西科学技术出版社,2001.

[9] 占家智,羊茜,吴青,等.水产活饵料培育新技术.北京:金盾出版社,2002.

[10] 陈彤,陈重光.黄粉虫养殖与利用.北京:金盾出版社,2000.

[11] 黄静,陈文华.人工饲养黄粉虫.湖北植保.1998(3):27-28.

[12] 魏永平.经济昆虫养殖与开发利用大全.北京:中国农业出版,2001.

[13] 原国辉,郑红军.黄粉虫、蝇蛆养殖技术.郑州:河南科学技术出版社,2007.

[14] 刘玉升.黄粉虫生产与综合应用技术.北京:中国农业出版,2006.
[15] 徐任.民以食为天.上海:世界图书出版公司,1997.
[16] 孟祥玲.中国资源昆虫应用研究进展简介.昆虫知识.1992,29(3).
[17] 王延年,郑忠庆.昆虫人工饲料手册.上海:上海科学技术出版社,1984.
[18] 赵养昌.中国仓库害虫.北京:科学出版社,1966.
[19] 谢保令.黄粉虫人工繁殖研究.广西农业科学.1987(6).

图书在版编目(CIP)数据

黄粉虫高效养殖技术/占家智，羊茜编著．—北京：中国农业大学出版社，2009.2

ISBN 978-7-81117-628-5

Ⅰ.黄… Ⅱ.①占… ②羊… Ⅲ.黄粉甲-养殖 Ⅳ.S899.9

中国版本图书馆 CIP 数据核字(2008)第 181888 号

书　　名　黄粉虫高效养殖技术

作　　者　占家智　羊　茜　编著

策划编辑	冯雪梅	**责任编辑**	刘耀华
封面设计	郑　川	**责任校对**	陈　莹　王晓凤
出版发行	中国农业大学出版社		
社　　址	北京市海淀区圆明园西路 2 号	**邮政编码**	100193
电　　话	发行部 010-62731190，2620	读者服务部	010-62732336
	编辑部 010-62732617，2618	出　版　部	010-62733440
网　　址	http://www.cau.edu.cn/caup	**E-mail**	caup@public.bta.net.cn
经　　销	新华书店		
印　　刷	北京时代华都印刷有限公司		
版　　次	2009 年 2 月第 1 版　　2011 年 11 月第 4 次印刷		
规　　格	850×1 168　32 开本　4.25 印张　101 千字　彩插 1		
印　　数	14 001～17 000		
定　　价	9.50 元		

图书如有质量问题本社发行部负责调换